贵州教育厅基金项目(黔教合KY字〔2020〕117)
六盘水市科技局基金项目(52020-2019-05-12)
贵州省科技厅基金项目(黔科合平台人才-YSZ〔2021〕001)
贵州教育厅基金项目(黔教合协同创新字〔2016〕02)
贵州省科技厅基金项目(黔科合平台人才〔2019〕5620)
六盘水师范学院校级基金项目(LPSSYKJTD201802)
六盘水师范学院校级基金项目(LPSSYZDPYXK201705)
贵州教育厅基金项目(黔教合KY字〔2017〕026)

矿井提升机
恒减速制动技术研究

包从望 杨军伟／著

U0323880

中国矿业大学出版社

·徐州·

内 容 提 要

本书系统地阐述了矿井提升机恒减速制动控制的基本原理及实施方法,概述了目前国内外提升机制动控制方法中可借鉴的研究成果。主要内容包括矿井提升机制动技术的基本概况介绍,提升机恒力矩和恒减速制动的基本原理和方法;基于提升机液压制动系统的组成及原理,研究了制动过程中的动力学模型;完成了恒减速制动控制的仿真分析,对比例溢流阀、蓄能器、电磁换向阀等核心液压元件进行了动力学模型仿真分析;分别基于PLC控制器和嵌入式系统两种不同的控制器,完成了恒减速制动控制系统的设计,并完成核心电路及控制算法的设计;结合矿井提升现场的工况条件,基于矿井提升机实验台,完成了恒减速制动控制各个核心功能的实验验证,实验结果表明,制动效果能满足相关规程的要求。

本书可作为矿山机械专业教学的参考书,也可供从事矿井提升运输制动控制生产管理、设计及科研工作的人员参考。

图书在版编目(CIP)数据

矿井提升机恒减速制动技术研究 / 包从望,杨军伟
著.—徐州:中国矿业大学出版社,2022.3
ISBN 978 - 7 - 5646 - 4934 - 0

Ⅰ.①矿⋯　Ⅱ.①包⋯ ②杨⋯　Ⅲ.①矿井提升机—制动—研究　Ⅳ.①TD534

中国版本图书馆 CIP 数据核字(2020)第 270319 号

书　　名	矿井提升机恒减速制动技术研究
著　　者	包从望　　杨军伟
责任编辑	耿东锋　　王美柱
出版发行	中国矿业大学出版社有限责任公司
	(江苏省徐州市解放南路　邮编 221008)
营销热线	(0516)83885370　83884103
出版服务	(0516)83995789　83884920
网　　址	http://www.cumtp.com　E-mail:cumtpvip@cumtp.com
印　　刷	苏州市古得堡数码印刷有限公司
开　　本	787 mm×1092 mm　1/16　印张 13.25　字数 351 千字
版次印次	2022 年 3 月第 1 版　2022 年 3 月第 1 次印刷
定　　价	46.00 元

(图书出现印装质量问题,本社负责调换)

前　言

矿井提升机作为煤矿生产的主要运输设备之一,主要承担着煤炭、矸石、物料以及下井工人的运输工作。矿井提升机常见的故障类型可分为提升钢丝绳的打滑、钢丝绳出现断绳、容器出现坠罐等,每种故障均有可能是提升机的制动失效所引起的。当故障发生时,可能会酿成重大提升事故。由提升机制动失效而导致人员伤亡或巨大经济损失的典型案例有:2003年,江苏徐州某矿因提升机超载而导致制动过程中制动力矩不足,造成制动失效,致使提升容器坠罐,最终导致20余天的停产,经济损失高达1 000余万元;2005年,山西晋城某矿因电气控制系统出现故障,而导致制动闸瓦与制动盘之间的摩擦系数较小,制动过程中无法可靠制动,造成矿井停产一个多月,直接经济损失1 800余万元;2008年,江苏徐州某矿提升机在紧急制动过程中,因制动力矩不足,而造成制动失效,直接经济损失2 000余万元。所有矿井生产事故中,因矿井提升机制动失效的比例占据30%有余。制动系统作为提升机的安全运行核心保障,其稳定可靠性直接影响着提升机的安全性能,因此研究提升机的稳定制动停车意义重大。

目前,矿井提升机的安全制动方式主要包括恒力矩制动和紧急状态下的恒减速制动。其中恒减速制动在制动过程中将减速度设为恒定值,提升机在各类工况下都以恒定的减速度制动,不仅降低变工况下对机械设备以及罐笼的冲击载荷,还能有效预防摩擦提升机滑绳事故的发生,是一种较为理想的安全制动方式。当前,国内对恒减速制动方式的研究还不够成熟,传统的控制策略难以实现提升机各种工况下的恒减速制动,并且研究人员缺乏行之有效的实验平台。为保证提升机制动系统的安全稳定运行,基于提升综合实验台,我们设计了提升机的恒减速制动实验系统,并以此进行了恒减速制动模糊PID控制策略的研究。

在撰写本书的过程中,站在前人的研究基础上,以确保矿井提升机的安全稳定运行为目标,全面深入探讨了矿井提升机恒减速制动控制的相关技术问题。以液压制动过程的动力学模型为基础,深入分析了制动过程中上提、下放时的动态响应,并针对运行阶段建立了提升机上提和下放过程的动力学方程;基于动力学分析,结合提升机制动控制的需求,设计了恒力矩、恒减速制动控制液压系统的转换装置,并完成各个核心参数的选择,根据选型设计结果,基于液压仿真软件实现比例溢流阀、蓄能器、盘式制动器及液压系统等各个核心环节的仿真分析,进而仿真分析了几种典型减速度下的动态响应过程;根据恒减速制动控制需求分析,以PLC作为核心控制器,完成控制系统软、硬件系统的设计,以查表方式在PLC中实现模糊PID控制算法的设计,从而对比例溢流阀实现快速、高精度的实时跟踪调节,并在液压联合仿真软件中实现控制算法的可靠性仿真;参照PLC的方式,以相同提升机的恒减速制动作为控制背景,基于嵌入式系统,以STM32为控制核心,完成控制方案的对比分析,基于最优方案完成恒减速制动控制转换装置的设计,并在控制方案的指导下完成多级供电、外围滤波、输入/输出信号、转速检测、人机交互等核心电路的设计,结合电路原理图的设计,利用 Altuim Designer 软件完成 PCB 电路板的设计及封装;结合软硬件互补的设计理念,完成控制系统的软件系统设计,在确定开发环境及操作系统后,完成各硬件系统的驱动程序设计及调试,并实现恒减速制动控制的多任务程序设计,以卡尔曼滤波器估计为基础,实现减速度值的计算,并在嵌入式系统中实现各个控制算法的设计;以提升机综合实验台为实验载体,完成基于 PLC 控制的比例溢流阀动态响应实验和恒减速制动控制性能的验证实验,同时还完成了基于嵌入式系统的恒减速制动控制实验,包括卡尔曼滤波估计下的减速度值测试实验、贴闸过程的动态性能实验以及嵌入式控制下的恒减速制动控制实验,此外还包括各个核心环节的动态响应实验;分别以提升机的提升状态和停机状态作为界限,分别实现恒减速制动控制的动态响应和静态响应实验,并主要以《煤矿安全规程》(2022 版)作为验证依据,实验结果表明,各个制动过程的动态响应指标均满足相关规程要求。有关矿井提升机恒减速制动控制技术的研究,对矿井提升机制动技术与性能的改进具有重要的参考和指导意义。

在本书的撰写过程中,得到了六盘水师范学院艾德春教授、刘永志副教授、江伟副教授、刘洪洋副教授、刘建刚副教授、朱广勇讲师、魏中举高级实验师、张鹏教授、刘承伟副教授等的帮助。另外,还得到了中国矿业大学肖兴明教授的谆谆教导,以及硕士研究生王存强、徐龙增、杜晓月、张飞龙等的帮助。在实验过程中得到了中国矿业大学实验中心、贵州盘誉泰合机械有限公司、贵州天信电气制造有限公司等单位的有关领导及工程技术人员的大力支持和帮助。此外,本书还得到了贵州教育厅基金项目(编号:黔教合 KY 字〔2020〕117)、六盘水市科技局基金项目(编号:52020-2019-05-12)、贵州省科技厅基金项目(编号:黔科合平台人才-YSZ〔2021〕001)、贵州教育厅基金项目(编号:黔教合协同创新字〔2016〕02)、贵州省科技厅基金项目(编号:黔科合平台人才〔2019〕5620)、六盘水师范学院校级基金项目(编号:LPSSYKJTD201802)、六盘水师范学院校级基金项目(编号:LPSSYZDPYXK201705)、贵州教育厅基金项目(编号:黔教合 KY 字〔2017〕026)等项目的资助。在此,笔者一并表示诚挚的感谢!

书中还引用了一些前人的研究成果与数据,未完全一一列出,在此一并表示诚挚的感谢!

由于经验和水平所限,书中难免有疏漏和欠妥之处,敬请各位读者不吝指正。

著 者
2021 年 6 月

目　录

第1章 提升机制动技术综述

1.1 提升机制动方式概述

煤炭常被比作"黑色金子",是目前工业生产与生活的主要能源之一。煤炭开采的高效、安全、智能化,一直是煤炭开采研究的热点问题。矿井生产主要包括煤炭开采、煤炭运输与选煤等过程。提升机作为立井提升的主要运输设备,素有"咽喉"之称,主要承担着煤、物料以及人员的运输任务,主要由提升机、提升钢丝绳、提升罐笼、罐道、井筒以及附属装置组成。制动系统作为提升系统稳定运行的保障,其失效或制动方式的不合理将直接导致提升事故的发生,由制动故障造成的事故主要有过卷、断绳、卡罐、滑动、坠罐等,一旦事故发生,将造成财产损失甚至影响生命安全。

矿井提升机的液压制动系统是集机、电、液为一体的综合系统,主要组成为液压系统、制动器以及电气控制系统。在矿井生产中,液压系统又被称作液压站,主要提供液压动力源,包括泵、油箱、蓄能器、溢流阀、换向阀及比例阀等。制动器作为系统的执行部分,液压站通过控制液压流量与压力的大小,实现制动力大小的控制,二者相互配合,实现提升机的正常提升与制动动作。根据制动的作用可将制动分为以下四种制动方式:

(1)安全制动——紧急状态下的快速平稳制动;

(2)驻车制动——提升过程中的正常制动;

(3)工作制动——手动与自动联合的工作制动;

(4)其他制动——换绳和调绳两种状态下夹持卷筒的制动。

除安全制动以外的三种制动均为提升系统的正常运行或检修状态下的制动,发生事故的概率相对较小。安全制动失效时往往都伴有提升事故的发生,例如,坠罐和滑绳事故一般是由于制动无效或制动力过大所造成的,若制动过程中制动力矩过小,减速度达不到要求,罐笼始终处于加速运行的状态,会导致坠罐或者过卷;若制动力矩过大,受惯性冲击的影响,对设备及人员均可能造成伤害,当惯性冲击力大于最大静摩擦力时系统由静摩擦转变为动摩擦,将出现滑绳的现象。因此,安全制动是提升机的核心保障,当出现提升异常时,系统快速切换至安全制动状态,遏制故障的进一步恶化,否则将导致提升事故的发生,严重威胁煤矿生产安全。

2005年2月,江西省某矿由于制动系统的失效,发生提升安全事故,导致4人死亡[1];2008年10月,山西省某矿由于制动故障,安全制动失效,导致5人死亡、37人受伤[2];2010年,湖南省某矿由于提升机制动器失效,发生飞车坠罐事故,导致26人死亡、5人受伤,同时造成经济损失 300 余万元[3];2003 年 12 月,江苏徐州某矿由于提升载荷超重,而导致静力矩大于 3 倍的制动力矩,致使提升容器坠入井底,造成经济损失 1 000 多万元,且矿井被迫停产 20 余天[4];2005 年 3 月,山西省某矿提升系统运行过程中,电气控制失效,使得制动器无法与制动盘贴合产生摩擦力,造成经济损失 1 800 余万元,且停产一个多月[5];2008 年 6 月,江苏徐州某矿在提升煤时由于安全制动中制动力矩不足,而导致经济损失多达 2 000 余万元[6]。

安全制动包括恒力矩制动中的一级制动与二级制动和恒减速制动。其中,恒力矩制动发展较早,由于其制动力矩控制简单且容易实现,目前部分矿区依然使用该制动方式;恒减速制动为速度反馈的闭环控制方式,因此制动过程中更加平稳,对钢丝绳及提升容器的冲击影响较小,目前是液压制动系统的主流方式。当前,煤矿开采的发展现状为:社会的发展,对矿产资源的需求日益上升,而矿产资源的储量却日益枯竭,导致深井开采越发重要。煤矿生产对提升机提出更高的性能要求,对提升机制动性能的平稳性和安全性要求也成为研究的热点问题[7]。

1.2 提升机恒力矩制动

1.2.1 恒力矩制动原理

提升机的恒力矩制动为一种开环的恒力矩制动方式,制动分为一级和二级,制动过程中首先保持压力在某一设定值运行,此时为一级制动;一段时间后压力变为残压值,此时的制动为二级制动[8]。一级制动和二级制动过程中的制动力矩保持不变,因此也称为恒力矩制动。

恒力矩减速的液压原理如图 1-1 所示,主要涉及泵、电液比例溢流阀、液压缸、电磁换向阀、蓄能器及闸瓦等。当提升机处于完全制动状态时,电磁换向阀 3.3 与 3.5 得电,液压缸 6.1 与 6.2 受弹簧弹力的作用处于制动状态。正常运转状态下,电磁换向阀 3.3 与 3.5 掉电,处于截止状态,由液压泵提供的液压油克服弹簧的弹力将闸瓦打开,此时闸瓦处于完全打开的状态。工作中,泵为整个系统提供动力,溢流阀 2.1 和 2.2 起到压力保护的作用,当压力过大时阀体处于溢流状态,稳定压力在限定值内。若液压泵压力不足,换向阀 3.4 得电,此时可由蓄能器向整个液压回路提供压力。

当发生安全制动时,电磁换向阀 3.2、3.4 得电,系统维持在溢流阀 2.2 调定的压力下运行,此时闸瓦与制动盘接触并施加一定压力,由蓄能器维持压力值,此时为一级制动状态。当减速至某值后,电磁阀 3.3 与 3.4 得电,系统中的压力油直接回油箱,此时为最大安全制动状态,为二级制动。若提升容器超越了极限位置,则电磁换向阀 3.4 与 3.5 失电,系统马上进入最大力矩制动状态。

1.2.2 恒力矩制动国内外研究现状

恒力矩制动是较早的一种制动方式[9],起源于 20 世纪 90 年代初期,以二级制动方式为代表。产品生产代表性企业为河南洛阳中信重机(原洛阳矿山机器厂),主要代表产品有

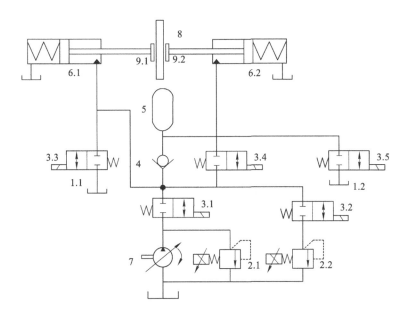

1—油箱；2—比例溢流阀；3—二位二通电磁换向阀；4—单向阀；5—蓄能器；
6—制动液压缸；7—泵；8—制动盘；9—制动闸瓦。

图 1-1　恒力矩制动液压原理图

TE002、TE003 延时型液压站，随着电子电路的发展，其延时功能可由延时继电器替换，于 1995 年产品更新为 TE130、TE131。

由恒力矩制动的原理可知，该制动方式简单，系统比较容易实现，恒力矩制动引入了二级制动，在一定程度上减弱了钢丝绳的惯性冲击和振荡。同时，为提高系统的可靠性，系统配备有 UPS（不间断电源），以防意外掉电。目前在一些小型矿井中该制动方式依然得到广泛应用，具体原因如下：

（1）目前使用较多的提升机制动系统为中信重工提供的恒力矩减速系统，该系统中的大多元件采用进口元件，因此整改成本较高，不便改为恒减速制动方式。

（2）当前市面上使用的恒减速系统主要为 SIMAG 和 ABB 两公司的产品，该系统虽然性能与可靠性较高，但由于价格较昂贵，与整个提升机的价格不匹配，且设备的运行成本与维护成本高，因此综合考虑后使用恒力矩制动较为适当。

恒力矩制动属开环系统，工作时采用二级制动方式，为阶跃性调节，导致制动不平稳。总结起来恒力矩制动存在以下不足：

（1）提升过程中，受提升载荷波动的影响，设定的一级制动和二级制动的制动力矩不满足《煤矿安全规程》的相关规定。

（2）当提升载荷超限时，摩擦式提升机的恒减速不易控制，无法满足制动要求，严重时还可能出现钢丝绳打滑的情况。

（3）因恒力矩制动为开环控制，实际设定的一级制动力矩和二级制动力矩与理论值存在一定误差，而且无法实现制动力矩自动校正，给安全埋下隐患。

1.3 提升机恒减速制动

1.3.1 恒减速制动原理

随着煤矿向大型化发展,矿井提升载荷和开采深度越来越大,恒力矩制动已经对矿井提升产生了限制,为适应矿井大型化生产,相关学者提出了恒减速制动方式[10]。恒减速制动以减速度的控制为核心,为速度反馈闭环控制,通过反馈调节实现系统内压力的实时调节。该制动方式具有冲击小、稳定性较高的优点。恒减速制动的过程主要由速度控制来实现制动压力的控制,进而实现减速度值恒定,其原理如图 1-2 所示,制动主要分为贴闸和减速度控制两个过程。

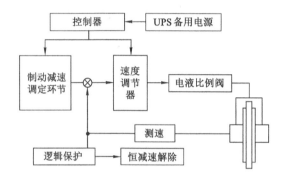

图 1-2　恒减速制动原理图

(1)贴闸过程:贴闸时溢流阀中的部分液压油回到油箱,但系统压力并未马上降为零。控制液压缸内的压力降低,当弹簧弹力逐渐大于制动压力时,闸瓦开始动作,逐渐在制动盘上产生制动压力。从开始动作到闸瓦与制动盘接触的过程即为贴闸过程。

(2)速度控制:该过程主要实现制动闸瓦的压力控制,从而控制提升机的减速度。利用速度传感器检测箕斗的提升速度,并以电信号的形式反馈到控制器中,将检测值与设定值进行比较,并将比较结果转换为此时对应的制动压力值,由制动压力值换算出溢流阀的开度大小,将相应的电流信号输出至制动减速调定环节,从而实现制动力的反馈控制。

根据恒减速控制的要求,目前恒减速的控制方式可分为比例溢流阀控制和比例方向阀控制两类[11],分别如图 1-3 和 1-4 所示。图 1-3 中主要包含比例溢流阀、蓄能器等液压器件,图中未展示相关传感器。当安全制动信号发出后,通过调定比例溢流阀将压力稳定在某一初始值,制动液压缸中的油压稳定在调定压力范围内,当制动力增大时减速度增大,制动压力降低时减速度减小,利用液压传感器与速度传感器实现制动压力的反馈控制。调节过程中主要包括三种形式:

(1)若检测到的实际减速度与事先设定好的减速度相同,则保持比例溢流阀的当前开度,维持当前状态运行。

(2)经比较后,若实际反馈值小于给定值,说明此时的减速度过大,应降低制动力。由

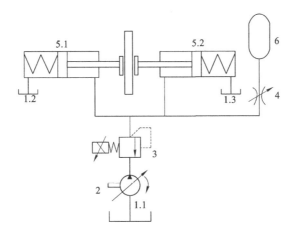

1—油箱；2—泵；3—电液比例溢流阀；4—节流阀；5—液压制动装置；6—蓄能器。

图 1-3　比例溢流阀的恒减速制动原理图

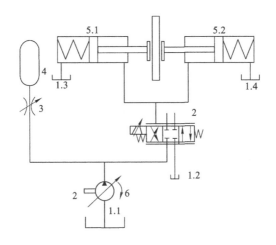

1—油箱；2—比例换向阀；3—节流阀；4—蓄能器；5—液压制动装置；6—泵。

图 1-4　比例换向阀的恒减速制动原理图

控制器计算相应开度值应该对应的电信号，将控制信号反馈至比例溢流阀，提高系统的压力值，减小制动系统的制动正压力，从而减速度也随之减小。

（3）当检测到实际减速度大于设定值时，此时需要减小系统的制动压力值，由控制器计算出溢流阀相应的开度值，从而调节至与设定减速度相匹配的溢流阀开度。

图 1-4 所示为比例换向阀控制下的恒减速制动原理，其核心为比例换向阀的控制和蓄能器的蓄能。比例换向阀的工作原理为：改变电磁铁芯的位移而改变阀体内流体的流向，同时根据阀口开度的大小控制系统的压力大小。提升机正常运行时，阀芯处于中位，系统以最大油压克服弹簧力打开闸瓦，并保持开闸状态。当安全制动信号发出后，阀芯位置处于右位，系统中的高压油通过换向阀进入制动闸瓦并通过回油路进入油箱，此时闸瓦的实际制动压力减小，闸瓦位移开始变小，直至贴闸。制动过程中与比例溢流阀类似，存在以下三种

状态：

（1）测定减速度在设定范围内，此时控制换向阀处于中位，使制动闸瓦中的压力值保持恒定状态。

（2）测定减速度小于设定值时，将换向阀的阀芯位置切换到左位，此时系统中的部分油液经换向阀回油箱，系统的压力值减小，弹簧的弹力大于制动闸瓦的制动正压力，提升系统的减速度增大，当减速度值增至设定值范围时，再次将换向阀切换至中位，维持提升减速度值在设定范围内运行。

（3）测定减速度值大于设定值时，将换向阀切换至右位，此时液压泵与蓄能器的压力值经系统传递至制动闸瓦，弹簧的弹力值小于制动闸瓦的压力值，闸瓦有打开的趋势，闸瓦打开后系统的减速度将下降，当减速度值下降至设定范围内时，切换换向阀至中位，维持系统在设定减速度范围内运行。

两种控制方式各有优缺点。溢流阀控制中，直接对系统压力进行调整，控制较为简单，但在压力维持过程中，蓄能器的压力经常处于卸压状态，恒减速制动控制的稳定性不高，常出现制动过程还未结束而蓄能器压力已卸为非正常工作状态。换向阀控制为非定量控制，在减速度反馈控制过程中对减速度值为定性控制，因此控制精度不高，系统的稳定性不够，且控制过程较复杂。

1.3.2　恒减速制动国内外研究现状

目前市面上采用恒减速制动控制的产品较多，比较典型的有西马格、ABB 两大国外厂家和国内中信重工的产品。自 1990 年以来，中信重工致力于提升机恒减速制动的研发，于1991 年生产出国产第一台液压恒减速制动控制系统，具有代表性的 TE125 正式投入使用。由于经验不足，该系统存在控制不稳定、故障率较高的缺点，并未得到推广。至 1994 年，中信重工推出第二套恒减速制动系统 TE127，并研发出相对应的电控系统，相比第一套系统，该系统很好地解决了控制稳定性的问题，但依然存在故障率高、漏油严重且安装调试不便的问题。随后在 1997 年，经过不断地更新改进，该公司推出了一系列的恒减速制动控制系统，包括 TE128、E141、E142 等恒减速制动控制系统。经过近 20 年的努力，在 2009 年，中信重工成功研制并投入使用了智能恒减速制动控制系统，该系统融合了故障检测功能，全方位优化了恒减速制动控制，大大提高了系统的可靠性、平稳性、安全性等性能，其技术水平基本达到了国际先进水平。

除此之外，国内大量的专家学者也对恒减速制动系统进行了相关的研究。比较典型的有，麻健等结合神经网络的相关优点，通过 PID 算法（结合比例、积分和微分的算法），利用比例溢流阀实现恒减速制动系统的控制[12]。肖兴明、史书林等采用速度反馈控制，通过模糊 PID 策略的控制方法完成恒减速制动控制，并通过计算提高了减速度的控制精度[13]。刘景艳等[14]利用 PLC 控制，借助 STEP7 软件，根据参数自整定的方法，解决了恒减速制动中的参数选择问题，提高了减速度控制的动态响应性能与稳态精度。肖兴明、马衍颂等基于原有的恒力矩制动系统，增加了恒减速制动切换装置，实现恒减速的方便切换，且结构简单，成本较低，控制效果较好，并成功应用于上海大屯姚桥煤矿[15]。刘建永[16]分析了恒减速制动的适用情况,全面阐述了恒减速制动的优点,根据控制背景,将电磁控制环节简化为一阶滞后环节,并实现了动态仿真。陶林裕[17]根据分析,建立了提升机的恒减速制动动力学方程,并由此得到恒减速制动控制的传递函数,由传递函数进一步得出了恒减速制动控制的影响因素,明确了闸瓦与制动盘之间摩擦系数大小对制动控制的影响——当受环境的影响后,摩擦系数会改变,并由此得出电液比例阀的控制要求。赵强[18]总结了提升机制动性能的评价准则,并由此分析了影响制动性能的关键因素,最后根据分析结果,利用 AMESim 软件分析了不同介质下蓄能器的性能差别,同时还建立了主轴装置的力学模型,联合 ADAMS 与 AMESim 两种软件实现仿真。徐文涛[19]结合多种制动系统,完成恒减速与恒力矩自动切换的制动系统。余军伟等[20]根据制动过程中减速度和制动力的要求,提出大差载和方位制动的制动方法,用于特殊工况下的制动优化。张天霄[21]借助现代力学与数学的理论,对恒减速制动的结构进行了优化,进一步增强了安全性能,实现了具有监测功能的恒减速与恒力矩制动铣刀设计,并将该系统推广应用到矿井提升机制动液压制动系统中。马琳等[22]参照《煤矿安全规程》,研究了液压制动系统的并联冗余设计,并分析了回油通道的流体性能。胡秀海等[23]基于原有恒力矩制动的液压系统,增添了恒减速制动系统,同时保留了提升机制动系统的恒力矩制动和恒减速制动控制。杨玉涛[24]应用模糊神经网络的聚类优点对提升机的运行速度进行实时监测拟合,通过拟合曲线将信号反馈给控制比例溢流阀,从而实现恒减速制动的控制。康富喜等[25]利用应用数字仿真软件实现提升机恒减速制动的性能仿真,通过仿真结果实现比例溢流阀的参数辨识,并实现钢丝绳的力学性能准确预测。雷勇涛[26]依照恒减速制动控制的需求,研究了对应的控制策略,通过对模糊神经网络、PID 控制方法和简单的闭环控制等方法进行比较,最终得出模糊神经网络的控制精度和容错效果强于其余几种方法的结论。

　　相比国内恒减速制动而言,国外对该技术研究稍早。ABB 公司从 1964 年起率先开始了对提升机盘式制动器的研发与应用[27],并在 1980 年开始研发恒减速制动技术,近年来也一直致力于恒减速制动系统的研究。目前,该公司已经实现了自动制动,其中双回路液压控制回路采用液压元件与液压阀集成控制的思路,大大提高了减速制动性能,但控制结构较为复杂,且价格昂贵,一些小型的矿井难以接受[28-30]。此外,西马格公司也是一家比较典型的液压控制研发公司,该公司一直致力于阀体的性能研究,利用阀体之间的串联或并联实现同一控制功能,在保证独立系统稳定性的前提下进一步确保整个综合系统的稳定性,以控制功能为目标,进一步明确控制回路的控制要求,但依然存在结构复杂、系统繁杂的特点[31-32]。

　　此外,Alec 等[33]研究了缠绕式提升机,并成功将人工分布式技术应用在了矿井提升机的制动系统。Sakurai 等[34]设计了一套负载传感液压系统,并分析了其动态性能,利用 OHC-Sim 软件实现控制方法的设计。有学者设计了一种型号为 GONME 的工具,并将其应用于静液压传动的性能评价中[35]。Soriano 等[36]结合电控技术设计了一套电液控制系统,该系统具有调速较稳定的优点。Yang 等[37]以盘式制动器为研究对象,研究了各参数下制动器的性能,并由分析结果对制动器做了改进。Masoomi 等[38]通过设计具有热敏模量性能的摩擦材料用于制动闸瓦,利用该材料来降低闸瓦制动时的噪声,通过实验证明了该材料的降噪有效性。Del Vescovo 等[39]通过模拟仿真的方式分析了阀芯动作过程中压力保持恒定的条件,恒定条件下的出、入口压力,阀芯在开始动作时的振荡特性。马秀红等[40]基于提升机的常见故障,从故障原因以及判定条件入手,提出制动系统性能监测的方法和手段。徐军等[41]基于传统液压制动系统,设计了一种新结构与控制方法的恒减速制动系统,具有较为优越的功能。Zio 等[42]根据对液压系统的故障率评估结果实现性能不确定性的评估。Qian 等[43]为研究制动系统的故障机理,建立了系统分析模型,探讨了制动系统故障监测方法,基于参数分析的方法完成制动系统性能的实时监测。宫磊等[44]基于控制理论、PID 算法和专家理论等一系列的闭环控制理论解决了液压系统控制精度不足的问题。Amirante 等[45]借助数值模拟的方法分析了液压阀出现空化时的影响,并实现空化状态下阀芯移动驱动力的有效控制。Luan 等[46]研究了阀芯动作过程中的流量与应力的分布情况。

1.4　矿井提升机恒减速制动存在的问题与展望

根据研究现状可知,目前恒减速制动的研究中,虽然 ABB 公司与西马格公司研究出的系统具有较优越的性能,但普遍存在价格昂贵、结构复杂、维修不便的问题,在很大程度上限制了其应用推广。相比之下,国内的研究起步稍晚,经过长期不断的努力,研究取得了明显的成果,但目前应用的恒减速制动系统依然存在问题。根据国内外现状,目前提升机的恒减速制动控制存在以下问题:

(1)恒减速制动与恒力矩制动自动切换的系统中,常出现恒减速向恒力矩制动的频繁切换,恒减速制动系统的保护措施不足,自动切换时缺乏故障源分析,导致手动切换为恒减速制动后运行一段时间后又会再次切换为恒力矩制动方式,致使系统无法很好地体现恒减速制动的优势。

(2)实际应用过程中,恒减速制动系统大多采用 PID 反馈控制,但提升机运行过程中有较大的随机性,建好的控制模型泛化能力较弱,单靠理论简化模型无法满足恒减速制动系统的精确控制,出现制动控制效果不佳现象,制动中减速度的波动性较大,超调量过高,在一定程度上对系统的稳定性造成影响。

(3)由于恒减速制动使用的元件较多,制动系统结构复杂,系统的整体密封性较差,常存在漏油问题,维护频率较高,维护较麻烦,因此恒减速系统仍需进一步优化。相对来说,国外的恒减速制动系统有较高的控制精度和稳定性,但依然存在系统制动压力不稳定、残压值不稳定、达不到设定压力等问题。因此,应以提高恒减速的制动性能为目标,进一步优化整个制动控制系统。

(4)当前使用的恒减速制动控制策略较为陈旧,PID 控制方法虽然能做到控制的最佳效果,但系统的控制精度和稳定性的参数整定工作量极大,且当系统受外界因素影响之后控制参数需要重新整定。此外,当提升机发生紧急制动时,系统的传递函数有很大的随机性,仅靠一组 PID 参数难以满足所有的制动需求。对此,ABB 公司采用了性能较高的嵌入式电路板进行控制,但计算量较大,处理任务多,且操作人员需经过专业培训,前期投入大,维护成本较高。

（5）恒减速制动系统的性能参数需由实验方法测定，但提升机的工作现场受限条件较多且会存在安全隐患，因此，无法实现反复多次测量。目前，有部分研究机构设计了提升机的恒减速制动系统性能测定实验台，但依然缺乏一整套完整的恒减速制动实验系统来真实反映实际提升中的现场情况。因此，急需一套完整的恒减速制动性能测试实验台，实现制动性能的多次反复测定。

目前，提升机的恒减速制动控制的基本功能已经实现，但依然缺乏制动系统的智能控制，可基于模糊 PID 解决恒减速制动中参数难以整定的问题。对提升机的恒减速制动控制性能分析不能仅局限于仿真分析，其性能评价时实验分析是不可或缺的环节。对液压元件以及主要阀体的分析不能只局限于静态分析，应结合实际情况完成动态性能分析。在人工智能的引领下，层出不穷的控制方法和控制策略也在不断革新，比较典型的有深度学习、智能聚类算法等，将此类控制算法用于恒减速制动系统，有利于提高减速度的控制精度，同时提高控制系统的泛化能力和自诊断自学习能力。恒减速制动控制正朝着复杂化方向发展，这给控制器提出了新的要求，简单的控制器已经难以满足计算需求，因此以控制器研发为核心，针对提升机的恒减速制动控制需求，研发一款普适性较好的制动控制器是当前提升制动控制的共性难题。

第2章 提升机液压制动过程分析

2.1 制动器的力学模型

2.1.1 制动器的结构原理

矿井提升机的制动主要靠盘形制动器。相比其他制动器,盘形制动器具有动作灵敏、整体惯性小、结构紧凑的优点,在矿井提升系统中得到广泛应用。为保持主轴装置的运行精度,保障制动盘的偏摆量在限定范围内,盘形制动器均为成对安装结构,成对安装的结构有利于降低主轴装置的附加轴向力。制动器的结构如图 2-1 所示,主要由闸瓦、制动液压缸、碟形弹簧、盘形制动器的支座等零部件组成。其中,制动器的支座与提升机的基座固定安装;活塞杆与碟形弹簧接触,受到弹力与液压压力的作用,可实现左右移动;闸瓦安装在活塞杆的端面,当活塞杆左右移动时实现闸瓦的开闸与贴闸动作;螺钉与制动液压缸配合连接,螺钉起到调节制动预紧力的作用,调节螺钉的旋入深度可调节弹簧的预紧力,从而进一步调整制动力。

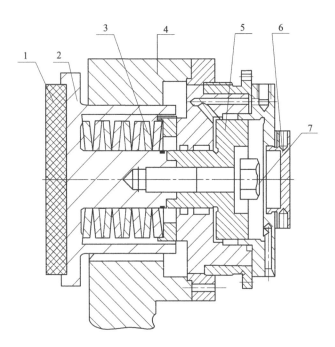

1—制动闸瓦;2—制动液压缸;3—碟形弹簧;4—盘形制动器的支座;5—制动液压缸活塞杆;6—制动器端盖;7—调节螺钉。

图 2-1 制动器的结构

制动器的工作过程如下：

（1）松闸过程：松闸时，高压油进入液压缸腔体，液压力作用在活塞杆中，活塞杆受到的压力大于弹簧弹力，活塞杆克服弹簧弹力与活塞杆与液压缸之间的摩擦力向打开状态运动，弹簧随着压缩量的增大弹力也随之增大，当增大至与活塞杆的压力相等时，活塞杆处于完全打开的状态，此时闸瓦与制动盘之间的间隙最大，对应的间隙大小为制动闸瓦的最大开度。

（2）贴闸过程：当提升机需要制动或减速时，由液压系统控制降压，此时液压压力降低，当压力与摩擦力之和小于弹簧弹力时，活塞开始往贴闸的方向动作，在弹簧的弹力作用下推动闸瓦移动。当闸瓦贴上制动盘后，忽略动摩擦力，此时制动力大小等于弹簧的弹力与活塞杆的压力差。提升机运行前可根据调节螺钉的旋入程度来控制制动力的大小，运行中可由油压值来调节闸瓦的制动正压力，当调节至液压站的残压值时制动力为最大，此时对应的减速度也为最大。

2.1.2　制动器动力学分析

为对制动器进行力学分析，根据制动原理及制动过程，将制动器简化为图 2-2 所示模型，将碟形弹簧的力学分析简化为弹簧与阻尼器，活塞部分简化为质量块 M，将质量块作为研究对象，根据牛顿的运动定律得到平衡方程，如式（2-1）所示。

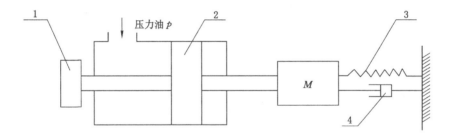

1—制动闸瓦；2—液压缸；3—碟形弹簧；4—阻尼器。

图 2-2　制动器简化模型

$$p(t)A - f(t) - N - ky_0(t) - c\frac{\mathrm{d}y_0(t)}{\mathrm{d}t} = M\frac{\mathrm{d}^2 y_0(t)}{\mathrm{d}t^2} \qquad (2-1)$$

式中　$p(t)$——液压回路中的油压值，Pa；

　　　A——活塞杆的有效面积，m^2；

　　　$f(t)$——活塞与缸体间的摩擦阻力，N；

　　　N——制动正压力，N；

　　　k——碟形弹簧的刚度（劲度系数）；

　　　$y_0(t)$——闸瓦到制动盘间的距离，m；

　　　c——阻尼，N·s/m；

　　　M——研究对象的质量，kg。

（1）制动时的力学分析

制动前，回路中的油压值达到最高，此时距离 y_0 为最大值，当油压值最高时，闸瓦处于静止状态，因此速度与加速度为 0，闸瓦与制动盘之间没有接触，因此制动正压力为 0，原有平衡方程可简化为式(2-2)：

$$p_{max}A = f(t) + k(y_0 + \delta_{max})$$ (2-2)

式中　p_{max}——最大压力，Pa；

　　　y_0——弹簧此时的压缩量，mm；

　　　δ_{max}——闸完全打开时的闸瓦间隙(此时弹簧的压缩量最大)，mm。

为进一步换算摩擦力，将式(2-2)变换为式(2-3)：

$$f(t) = p_{max}A - k(y_0 + \delta_{max})$$ (2-3)

液压制动系统稳定运行过程中，弹簧压缩量、有效面积与闸瓦间隙最大值为定值，由式(2-3)可知，油压值最大时摩擦力 f 的值也最大，方向与油压的压力相反。当制动信号发出后，系统中的压力油开始卸压，当满足 $p(t)A > k(y_0 + \delta_{max})$ 时，摩擦力逐渐降低；当满足 $p(t)A = k(y_0 + \delta_{max})$ 时，摩擦力的值最小，为 0。系统压力继续下降，有 $p(t)A < k(y_0 + \delta_{max})$，为保持平衡状态，此时阻力变为反向，而且呈现上升趋势，当反向增加至最大时，为最大静摩擦力，此时也是闸瓦由静止转向移动的临界点。随着闸瓦的移动，当闸瓦位移为 δ_{max} 时，闸瓦刚好贴上制动盘，正压力开始由 0 往上升，刚好贴上的瞬间为制动正压力从 0 开始上升的临界点，次时的平衡式变为式(2-4)。油压的上升值与碟形弹簧的压缩量成正比，表达为式(2-5)。

$$ky_0 = p_tA + f_{max}$$ (2-4)

$$N = ky_0 - pA - f_{max}$$ (2-5)

根据式(2-4)、式(2-5)联立求解制动正压力，如式(2-6)所示：

$$N = (p_t - P)A$$ (2-6)

式中　p_t——贴闸油压，Pa。

若制动系统有 n 副闸瓦，则计算制动正压力的综合式如式(2-7)所示：

$$N_p = A\sum_{i=1}^{n}(p_{ti} - p)$$ (2-7)

式中　i——排序为 i 的闸瓦。

由式(2-7)可知，最大制动正压力出现在 p 最小时，即残压值对应的制动正压力最大。以 p_c 表示残压值，因此，将最大制动正压力表示为式(2-8)：

$$N_{max} = A\sum_{i=1}^{n}(p_{ti} - p_c)$$ (2-8)

(2) 解除制动的过程

解除制动时，油压值从残压值开始上升，摩擦阻力再次由最大值开始降低，并由 0 变为反向增加，此时闸瓦的最大制动正压力由最大值开始缓慢降低，制动正压力下降的过程可表示为式(2-9)。油压值继续上升，当上升至闸瓦脱离制动盘时，制动正压力变为 0，式(2-9)变为式(2-10)。油压值继续上升，闸瓦继续打开，当油压值最大时，闸瓦开度最大，此时，有式(2-11)、式(2-12)。

$$N = ky_0 + f_{max} - p(t)A \tag{2-9}$$

$$ky_0 + f_{max} = p_k A \tag{2-10}$$

式中　P_k——开闸油压，Pa。

$$ky_0 = \frac{(p_t + p_k)A}{2} \tag{2-11}$$

$$f_{max} = \frac{(p_k - p_t)A}{2} \tag{2-12}$$

对于任意一对闸瓦，有式(2-13)、式(2-14)：

$$k_i y_{0i} = \frac{(p_{ti} + p_{ki})A}{2} \tag{2-13}$$

$$f_{imax} = \frac{(p_{ki} - p_{ti})A}{2} \tag{2-14}$$

2.1.3　制动器的动态响应

（1）传递函数的建立

由于油压远远大于液压缸阻力，忽略液压缸阻力，当闸瓦未贴闸时的制动正压力为 0，式(2-1)可简化为式(2-15)：

$$p(t)A - ky_0(t) - c\frac{dy_0(t)}{dt} = M\frac{d^2 y_0(t)}{dt^2} \tag{2-15}$$

根据控制理论中的二阶系统原理，将式(2-15)做拉氏变换后有式(2-16)：

$$p(s)A - kY_0(s) - csY_0(s) = Ms^2 Y_0(s) \tag{2-16}$$

系统输入为油压信号，闸瓦的位移为输出信号，得到传递函数为式(2-17)：

$$G(s) = \frac{Y_0(s)}{p(s)} = \frac{A}{Ms^2 + cs + k} \tag{2-17}$$

传递函数的通式为式(2-18)：

$$G(s) = \frac{\omega_n^2}{s^2 + 2\zeta\omega_n s + \omega_n^2} \tag{2-18}$$

式中　ω_n——系统的固有频率；

　　　ζ——阻尼比。

根据二阶系统的基本模型，将固有频率 $\omega_n = \sqrt{\dfrac{k}{M}}$ 代入式(2-18)得式(2-19)：

$$G(s) = \frac{\dfrac{1}{k} \cdot \left(\sqrt{\dfrac{k}{M}}\right)^2 \cdot A}{s^2 + 2 \cdot \dfrac{c}{2\sqrt{Mk}} \cdot \sqrt{\dfrac{k}{M}}s + \left(\sqrt{\dfrac{k}{M}}\right)^2} \tag{2-19}$$

由式(2-18)得阻尼比 $\zeta = \dfrac{c}{2\sqrt{Mk}}$，固有频率 $\omega_n = \sqrt{\dfrac{k}{M}}$。

（2）系统的单位阶跃响应

以 TP1-2.5 型制动器为例进行单位阶跃响应分析。查阅相关参数得知 $M = 40$ kg,$k = 41$ kN/mm,$p_{\max} = 12$ MPa,$A = 1.183\ 6 \times 10^{-2}$ m^2,$c = 0.15$ N·s/m。根据参数值计算各相关参数。

阻尼比:$\zeta = \dfrac{c}{2\sqrt{Mk}} = 1.85 \times 10^{-6}$;

固有频率:$\omega_{\mathrm{n}} = \sqrt{\dfrac{k}{M}} = 1.01 \times 10^{3}$ rad/s;

自然频率:$\omega_{\mathrm{d}} = \omega_{\mathrm{n}} \sqrt{1 - \zeta^2} = 1\ 012.43$ rad/s;

上升时间:$t_{\mathrm{r}} = \dfrac{1}{\omega_{\mathrm{d}}} (\pi - \arctan \dfrac{\sqrt{1 - \zeta^2}}{\zeta}) = 1.55 \times 10^{-3}$ s;

峰值时间:$t_{\mathrm{p}} = \dfrac{\pi}{\omega_{\mathrm{d}}} = 3.11 \times 10^{-3}$ s。

2.2 制动过程分析

因提升机上提和下放过程中的减速度方程不一样,因此,为研究提升机的恒减速,将提升机的运行过程分为容器上提和下放过程,研究其速度与加速度的表达式。

2.2.1 上升中的制动

提升容器上升过程中的制动受力简图如图 2-3 所示,其中 T_{L}、T_{Z}、v、w 分别为负载力矩、制动力矩、提升速度和摩擦轮的转速。提升机上提过程中,当发出紧急制动信号后,系统开始在负载转矩的作用下减速运行,在闸瓦间隙大于 0 时,制动力的大小也为 0,此时的力平衡方程如式(2-20)所示。

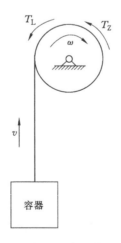

图 2-3 上提过程中的模型简图

$$T_{\mathrm{L}} = J \frac{\mathrm{d}\omega}{\mathrm{d}t} \tag{2-20}$$

式中　J——旋转系统的转动惯量，$kg \cdot m^2$。

上提过程中，在未受到制动力时钢丝绳始终处于拉直状态，即此刻的减速度小于重力加速度，有式(2-21)：

$$\frac{T_L}{J} \leqslant \frac{g}{R} \tag{2-21}$$

式中　R——闸瓦到卷筒中心的距离，m。

若减速度小于给定值，则系统的减速时间将延长，无法按要求停车，此时应及时加入制动力，引入制动闸瓦的制动力后且在运行速度不为 0 时，根据牛顿第二定律有式(2-22)，即此时的制动包括负载制动和制动力矩制动。

$$T_L + T_Z = J\,\frac{d\omega}{dt} \tag{2-22}$$

制动过程中，若 $\frac{T_L + T_Z}{J} < \frac{g}{R}$，则能保证绳的拉力始终大于 0；若出现 $\frac{T_L + T_Z}{J} > \frac{g}{R}$，则存在松绳的危险。根据提升机的制动要求，必须满足 $\frac{T_L + T_j}{J} < \frac{5}{R}$，其中 T_j 表示提升机最大静张力对应的力矩，因此可计算上升过程中制动力矩的最大值，如式(2-23)所示。

$$T_Z \leqslant \frac{5J}{R} - T_j \tag{2-23}$$

制动过程中，若负载力矩过大，即 T_L/J 过大，则会出现提前停车，即在制动闸瓦还未与制动盘接触提升机就已经完全停止的情况。但当负载力矩过大时，若制动闸瓦未及时动作，则提升容器可能会反向加速下降。

提升机上升过程中的制动，为满足准时停车同时不能出现松绳的要求，应控制好制动闸瓦在合适的时间以合适的制动力对提升机实现制动。若从最小能量消耗的角度出发，则最优的制动方式应为靠负载力矩实现减速，当速度刚好减为 0 时立即实施闸瓦制动，防止提升容器反向运行。由于液压制动系统存在一定的滞后性，因此，一般在提升容器的速度接近 0 但还未等于 0 时就开始实施制动。若空动时间大于负载力矩将提升容器制动为 0 的时间，则应缩短空动时间，避免提升容器的速度变为 0 后又反向运行。

极端情况下，设液压制动系统的残压值为大气压，根据制动过程中的力学平衡方程式(2-24)，可推导碟形弹簧的最大预压缩量如式(2-25)所示。

$$F_N = kx_0 - pA \tag{2-24}$$

式中　F_N——制动正压力的大小，N；

　　　x_0——弹簧的压缩量，m；

　　　k——弹簧的刚度，N/m；

　　　p——制动液压缸的贴闸压力，Pa；

　　　A——液压缸的有效面积，m^2。

$$x_0 \leqslant \frac{5\sum mR - T_j}{\mu Rik} \tag{2-25}$$

式中 $\sum m$——变位质量总和,kg;

$\quad\quad \mu$——闸瓦与制动盘间的摩擦系数;

$\quad\quad i$——闸瓦的对数。

2.2.2 下降中的制动

如图 2-4 所示,根据制动正压力的大小计算制动力矩 T_Z 如式(2-26)所示,下降过程中负载力矩起驱动作用,与上升过程中的制动有所不同,平衡方程变为式(2-27)。

$$T_Z = \mu F_N Ri \tag{2-26}$$

$$T_Z - T_L = J\,\frac{\mathrm{d}\omega}{\mathrm{d}t} \tag{2-27}$$

式中 ω——卷筒角速度,rad/s。

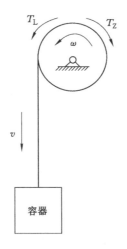

图 2-4 下降过程中的模型简图

联立式(2-22)、式(2-26)、式(2-27),求解提升卷筒的角加速度、角速度,并转换为容器上行的加速度及速度,其表达式分别如式(2-28)、式(2-29)、式(2-30)、式(2-31)所示。

$$\alpha = \frac{\mu Ri(kx_0 - pA) - T_L}{J} \tag{2-28}$$

$$\omega = \omega_0 - \frac{\mu Ri(kx_0 - pA) - T_L}{J}\cdot t \tag{2-29}$$

$$a = \frac{\mu Ri(kx_0 - pA) - T_L}{J}\cdot R \tag{2-30}$$

$$v = R\left[\omega_0 - \frac{\mu Ri(kx_0 - pA) - T_L}{J}\cdot t\right] \tag{2-31}$$

影响提升机运行状态的主要参数有活塞杆压力 p、负载力矩 T_L、转动惯量 J、摩擦系数 μ。负载力矩随提升容器的提升载荷增加而增加,同时会受钢丝绳波动而引起一定载荷冲击。系统转动惯量随提升载荷的变化而变化,提升载荷存在很大的随机性,因此转动惯量并非固定值。提升过程中,摩擦系数常受到环境的影响,温度与湿度均会导致摩擦系数的改变。各参数中仅有液压缸压力可通过调节液压系统进行调节,恒减速制动控制过程中,可通过调节液压回路中的油压值实现运行参数的调节。

根据提升机的分类,摩擦式提升机的卷筒直径在运行过程中并未发生变化,因此,容器的提升速度与卷筒外圆周的线速度相等。而缠绕式提升机在运行过程中卷筒直径是变化的,变化量会随提升高度的增加而增加,单靠检测卷筒的转速无法直接换算出提升容器的提升速度,还应建立提升高度与卷筒直径之间的函数关系,由提升高度换算出对应的卷筒直径,进一步计算容器的线速度。

《煤矿安全规程》中对倾角大于 30°的斜井,规定制动力矩与最大静载荷之间关系应该满足式(2-32)的要求,即制动力矩应不小于 3 倍静力矩。

$$T_Z \geqslant 3T_j \tag{2-32}$$

下降过程中,为防止容器发生坠罐,规定最小减速度 $a \geqslant 1.5 \text{ m/s}^2$,因此换算最小制动力矩的关系如式(2-33)所示,当液压站残压值为 0 时弹簧的最小压缩量应满足式(2-34)。

$$T_Z \geqslant 1.5\sum mR + T_j \tag{2-33}$$

$$x_0 \geqslant \max\left\{\frac{3T_j}{\mu Rik}, \frac{1.5\sum mR + T_j}{\mu Rik}\right\} \tag{2-34}$$

结合式(2-23),考虑弹簧的预压缩量的范围有式(3-35)。

$$\max\left\{\frac{3T_j}{\mu Rik}, \frac{1.5\sum mR + T_j}{\mu Rik}\right\} \leqslant x_0 \leqslant \frac{5\sum mR - T_j}{\mu Rik} \tag{2-35}$$

结合式(2-34)与式(2-35)可得出液压系统的最大油压值如式(2-36)所示。

$$p_{\max} = \frac{k(x_0 + \delta)}{A} \tag{2-36}$$

式中　　δ——闸瓦间隙,mm;

2.3　本章小结

(1) 本章根据制动器的结构原理,详细分析了液压制动器的动力学模型及运转过程中的动力学方程,由动力学方程推导出制动正压力的计算式;分析了液压制动系统在制动过程中的动态响应过程,并举例计算说明其动态响应参数。

(2) 分析了上升过程和下降过程中的力学方程。上升过程中负载力矩与制动力矩同时起到制动效果,为保证提升机不会反向运转,同时为满足节能效果,应该在恰当的时间范围内施加制动力矩,若制动力矩较大且施加时间较短,会导致钢丝绳受到较大的惯性冲击,甚至出现松绳的现象。提升参数控制中,影响因素较多,且影响因素不可控,推导出在恒减速制动控制过程中选择油压控制是最好实现的控制方法。根据《煤矿安全规程》的相关规定,推导出弹簧的预压缩范围与液压回路中油压的最大值。

第3章 恒减速制动液压系统模型及仿真分析

3.1 恒减速制动系统结构及参数设计

3.1.1 恒减速制动系统设计原则

恒减速制动方式是各种工况下紧急制动中安全可靠的一种制动方式,全球范围内恒减速制动方式已经应用较广泛,但国内提升机采用恒减速制动的比例依然较低,同时恒减速制动控制技术与国外尚存在一定差距。矿井实际生产现场中,受现场条件及安全生产要求的限制,提升现场无法进行恒减速制动的实验研究,为此搭建一套恒减速制动实验台进行恒减速制动的相关实验十分必要[47-49]。实验台制动系统的结构与现场提升机相似,但受提升高度、提升载荷、提升速度及现场环境的限制,实验台无法与现场完全等同,但结构原理等效。参照煤矿提升系统的相关标准及安全准则,以最大限度还原实际提升实验工况,对标提升机的恒减速制动控制要求,对恒减速制动控制的相关要求做出梳理,并将要求细化如下:

(1)进行模拟紧急制动实验时,恒减速制动系统可实现减速度的实时采集,通过反馈减速度与给定减速度进行对比,计算分析后将调整信号变换为比例溢流阀开度的电压信号,由控制电压的大小控制比例溢流阀阀芯的开度大小,从而控制液压站的系统压力,自始至终保证制动系统保持稳定的减速度进行安全、可靠的制动[50-51]。

(2)从发出紧急制动信号开始,到提升机以恒定减速度运行的时间必须在 0.8 s 以内,紧急制动的信号由安全回路的掉电信号获取。

(3)恒减速制动控制系统的可靠性不应低于恒力矩制动控制系统,并在系统中设置恒减速制动的监控系统,若检测到恒减速制动延迟或失效,应立即启用恒力矩制动模式运行,以双重保障提升机的可靠停车,将制动事故隐患遏制在初始阶段。

(4)提升机位于井口或者井底时,禁止进行一切安全制动实验,以免发生误动作出现冲梁或者坠罐事故。

(5)紧急制动的动作时间小于 0.3 s,即空动时间应该在 0.3 s 以内。为保证该时间,应使闸瓦在规定时间内贴到制动盘上。

(6)提升机制动实验完成,或制动动作完成后,应保证系统中的残余压力在 0.5 MPa 以上,以提高提升机在开车运行时的灵敏度。

(7)系统油压处于工作压力时,系统压力到达给定压力的滞后时间应在 0.5 s 以内,且保持线性关系。

（8）制动回路中过滤器的精度在 $10\ \mu m$ 以内。

结合上述要求,恒减速制动系统应主要包含恒减速液压站、电控系统、制动器、相关配套设备[52-53]。恒减速制动实验台将在第 8 章中加以介绍。

3.1.2　恒减速制动系统结构设计

由恒减速制动系统的设计原则,结合实际应用场合,设计液压原理如图 3-1 所示。系统包括:电液比例溢流阀、电磁换向阀、蓄能器等,包含工作正常制动、恒减速制动、恒力矩一级和二级制动。

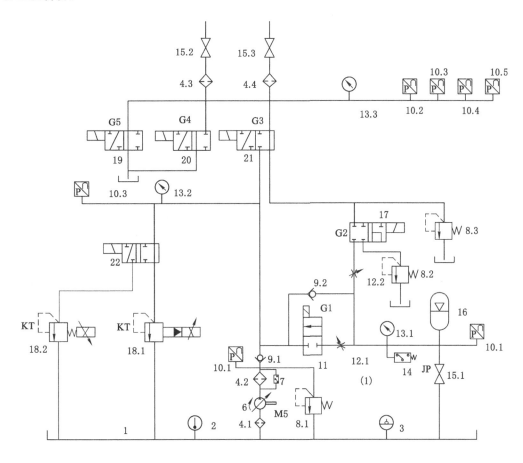

1—油箱;2—测温仪;3—液位检测仪;4—过滤器;5—电动机;6—液压泵;7—压差发讯器;8—溢流阀;
9—单向阀;10—油压传感器;11—二位四通电磁换向阀 1;12—节流阀;13—压力检测表;14—压力继电器;
15—截止阀;16—蓄能器;17—二位四通电磁换向阀 2;18—电液比例溢流阀;19～22—二位二通换向阀。

图 3-1　恒减速制动系统液压原理

（1）工作制动

工作制动为提升机处于正常运行状态下,通过调节制动正压力来调节制动力矩,完成提升机运行中的开闸、运行、停车制动。当提升机检测到启动信号时,恒减速制动液压系统开始进入工作模式,电动机 5 驱动液压泵 6 运转,蓄能器 16 中的油压得到补充。随压力的上升,继电器 14 得电,换向阀 19 和 21 开始动作,同时换向阀 20 掉电,比例溢流阀 18.1 的电压值由 0 上升至极大值,此时制动闸瓦开始打开,提升机缓慢运行;当运行至停车位置时,比例溢流阀 18.1 的电压值由最大值降为 0,此时制动液缸中的油压缓慢降低,弹簧的弹力大于油压,闸瓦做贴闸运动,此时,换向阀 19、21 掉电,换向阀 20 得电,提升系统以最大制动力矩减速停车。

（2）恒减速制动

当触发紧急制动时,启用电磁换向阀 11,蓄能器提供动力源,根据速度监测的反馈值实时调节比例溢流阀,使油压随加速度的变化而变化,由油压的变化改变制动力矩大小,控制提升系统按照设定的减速度运转。系统接近停车时,换向阀 19、21 处于右位工作,同时启用换向阀 20,此时以最大减速度运行。

（3）恒力矩二级制动

触发紧急制动时,首选恒减速制动,若恒减速制动控制出现故障,制动系统随即切换为恒力矩二级制动,此时换向阀 21 掉电,换向阀 17 得电,系统的油压通过溢流阀调节,降低至贴闸油压,通过溢流阀 8.2 将制动压力调节为二级制动,并将溢流阀 8.3 的开度设置为贴闸时对应的压力,从而调节制动模式为恒力矩二级制动。蓄能器不断为系统补充压力,当恒力矩二级制动进行一段时间后,换向阀 20 处于左位工作,换向阀 19 处于右位工作,压力油直接回油箱,系统启用最大制动力制动。

（4）恒力矩一级制动

当系统的紧急制动被触发,且检测到恒减速制动存在故障,恒力矩制动也无法实现安全制动时,换向阀 19 处于右位工作,换向阀 20 处于左位工作,将系统油压降为 0,提升系统启用最大制动力矩制动。

总结恒减速液压站的工作模式,各个阀体之间的通断如表 3-1 所示,其中"1"表示电磁阀得电,"0"表示掉电。

表 3-1 电磁阀通断表

	M	G1	G2	G3	G4	G5	KT
电动机启动,蓄能器充油	1	0	0	0	0	0	$0 \sim V_{max}(JP=0)$
提升运行	1	0	0	1	0	1	$0 \sim V_{max}(JP=1)$
工作制动	1	0	0	1	0	1	$V_{max} \sim 0$
恒减速制动	0	1	0	1	$0 \rightarrow 1$	$1 \rightarrow 0$	V 贴闸可调
二级制动	0	0	1	0	$0 \rightarrow 1$	$1 \rightarrow 0$	V_{max}
一级制动	0	0	0	0	1	0	0

注:(1)比例电磁阀的状态是一个范围,V_{max}表示最大状态。(2)JP=0 表示压力继电器掉电,JP=1 表示压力继电器得电。

考虑到矿井提升的安全性,对恒减速制动系统液压站采用冗余多重保障的设计思路,液压回路均是一备一用,当其中一路出现故障时,自动切换到另一回路,从而保障提升运输系统工作过程中的可靠性。为保证制动的有效性,通常将提升机制动系统设置为双制动模式,即同时包括恒减速制动和恒力矩制动,以防恒减速制动控制出现故障时提升系统无法安全制动。恒减速制动控制存在故障,系统将直接切换为恒力矩制动模式,避免系统因制动失效而导致后续一系列的安全问题。换向阀 19 与 20 之间的掉电与得电可解决当整个系统掉电时,液压站无法卸荷制动的问题,系统一旦掉电,就立即启动全力矩制动,将所有油压加在制动盘上。煤矿实际提升现场也有一备一用的冗余设计或者两套回路同时工作的情况。

3.1.3　恒减速制动系统参数设计

本书设计的恒减速制动控制系统主要针对搭建的矿井提升机综合实验台,在实验台中进行恒减速制动及相关性能实验。故实验台的相关提升参数直接影响了恒减速制动液压系统的相关技术参数以及液压元件型号的选型。其参数包括提升高度、提升载荷、提升速度、卷筒直径,大小分别为 10 m、100 kg、2 m/s、300 mm。忽略钢丝绳自重,计算最大静张力矩,如式(3-1)所示:

$$M_j = m \times g \times R = 100 \times 10 \times 0.15 = 150 \ (\text{N} \cdot \text{m}) \tag{3-1}$$

式中　M_j——钢丝绳静力矩的最大值,N·m;

　　　m——提升载荷的极限值,kg;

　　　R——卷筒半径,m;

　　　g——重力加速度,m/s²。

提升安全制动力矩的计算如式(3-2)所示:

$$M_z = 3M_j = 450 \ \text{N} \cdot \text{m} \tag{3-2}$$

式中　M_z——安全制动力矩,N/m。

在两副闸瓦下,单侧的制动正压力的计算如式(3-3)所示:

$$N_1 = \frac{M_z}{2\mu R_z n} = 1\ 923 \ \text{N} \tag{3-3}$$

式中　N_1——单侧制动正压力,N;

　　　μ——摩擦系数,m,取 $\mu = 0.15$;

　　　R_z——制动半径,m,取 $R_z = 0.39$ m;

　　　n——盘闸数,$n = 2$。

根据提升现场,设定贴闸油压值为 $p_{贴} = 4$ MPa,根据制动正压力的计算值估算制动液压缸的有效面积,如式(3-4)所示:

$$A = \frac{N_1}{p_{贴}} \approx 500 \ \text{mm}^2 \tag{3-4}$$

式中　A——活塞杆的有效面积。

将液压缸活塞的有效面积表示为式(3-5),若取 $d = 0.6 \times D$,计算活塞缸的结构为 $D = 32$ mm,$d = 20$ mm,单侧碟形弹簧取为 10 片,型号为 $34 \times 12.3 \times 1.5$,刚度系数 $k = 3\ 736.7$ N/mm,预压缩量 Δ_1 由式(3-6)计算。

$$A = \frac{\pi \times (D^2 - d^2)}{4} \tag{3-5}$$

式中　D——活塞缸内径,mm;

d——活塞杆直径,mm。

$$\Delta_1 = \frac{N_1}{k} = 0.535 \text{ mm} \tag{3-6}$$

注意:为保证本书设计系统的安全性,部分数据考虑了安全系数,因此,参数取值时考虑到一定余量。这里,为保证制动的可靠性,制动所需正压力的计算值为 $N_1 = 1\,923$ N,直接取 $N_1 = 2\,000$ N 计算。

按照标准取弹簧的压缩量为 1 mm,分配在 10 片弹簧上就是每片闸瓦间隙大小 $\Delta_2 = 0.1$ mm,因此弹簧总压缩量为 $\Delta = \Delta_1 + \Delta_2 = 0.635$ mm < 0.9 mm,因此弹簧压缩量满足要求。计算弹簧的最大受力如式(3-7)所示:

$$F = N + k \times \Delta_2 = 2\,000 + 3\,736.7 \times 0.1 = 2\,373.67 \text{ (N)} \tag{3-7}$$

根据弹簧最大受力的计算值可推算恒减速制动系统中油压的理论最大值,如式(3-8)所示:

$$p_{\max} = \frac{F}{A} = \frac{4 \times F}{\pi \times (D^2 - d^2)} = \frac{4 \times 2\,373.67}{\pi \times (32^2 - 20^2)} \approx 4.84 \text{ (MPa)} \tag{3-8}$$

制动器的贴闸油压值如式(3-9)所示:

$$p_{贴} = \frac{N}{A} = \frac{4 \times N}{\pi \times (D^2 - d^2)} = \frac{4 \times 2\,000}{\pi \times (32^2 - 20^2)} \approx 4.08 \text{ (MPa)} \tag{3-9}$$

根据提升背景的参数计算结果,系统实验的主要技术参数见表 3-2。

表 3-2 提升系统主要技术参数

参数名称	参数值
工作油压的最大值	4.84 MPa
贴闸时的油压值	4.08 MPa
二级制动时一级油压	0～4 MPa
二级制动时间	≤5 s
油箱中的油量	100 L
电液阀电压调节范围	0～10 V
液压油温度范围	15～60 ℃
液压油的牌号	N46

通过对主要元件的功能分析,结合实验台液压核心组成的性能参数,确定提升机的恒减速制动控制油压系统的组成如表 3-3 所示。

表 3-3 提升机的恒减速制动控制油压系统的组成

产品型号	元件名称	生产商
YN60	压力表	雷尔达
WU-100	吸油滤油器	温州崛牌液压
KF-L8/14E	压力表开关	温州崛牌液压

表 3-3(续)

产品型号	元件名称	生产商
NXQA-4/10-L-Y	蓄能器	天元
ZU-H25X30BDP	高压滤油器	温州崛牌液压
YWZ-150T	液位计	温州崛牌液压
EF3-4	空气滤清器	温州崛牌液压
Y100L	电动机	西门子
CBW-F304CLP	液压齿轮泵	长源
DBDS6P10/10	直动式溢流阀	华德液压机械
RVP610B	板式单向阀	华德液压机械
RVP1010B	单向阀(板式)	华德液压机械
DRVP6-1-10	节流阀(板式)	华德液压机械
HED8OPL1×100Z14	压力继电器	华德液压机械
4WE6J7×6EG24N9ETS	电磁换向阀	华德液压机械
DLOH-2A	电磁球阀(DLOH 型)	阿托斯液压
DLOH-2C	电磁球阀(DLOH 型)	阿托斯液压
DLOH-3A	电磁球阀(DLOH 型)	阿托斯液压
RZMO-TERS-PS	比例溢流阀	阿托斯液压
YJZQ-H10N	截止阀	天元
NS-I7	压力传感器	天沐

3.2　比例溢流阀特性分析

3.2.1　液压仿真软件概述

目前,液压系统主流的仿真软件有多种。其中,Easy5 主要是面向控制系统,为实现多学科融合的动态系统分析而设计的仿真软件,可针对常用的运输系统的液压性能进行仿真分析。Hopson 由瑞典 ABB 公司推出,专门用于液压系统运行性能的动态仿真,该软件具有丰富的液压元件库及常规图形的建模功能,但无法实现与机械联合建模。FluidSIM 以数字教学的液压系统为主,主要针对教学方面做原理仿真,工业领域应用较少。20-Sim 为一款动态性能仿真软件,建模方式极为丰富,能方便实现机电系统运行性能的动态仿真,但无法实现专门针对液压系统的动态仿真。SIMULINK 为一款液压系统仿真软件,但液压元件并不全,无法满足复杂的机电液系统的建模需求。

AMESim 是集机、电、液为一体的综合系统建模、仿真软件,在工程应用中具有强大的交互功能,其图形化方式是基于实际物理模型等效转换而来的,建模仿真界面具有良好的交互性,软件中除具有丰富的元件库外还能根据仿真需求完成任意机电液压模型组件的模拟。此外,该软件还提供了丰富的联合仿真接口,可与 SIMULINK 等仿真软件实现联合仿真需求,是目前各工程领域中主流的一款仿真软件[54-55]。

随电子信息技术及控制技术的发展,提升机制动控制系统已将机械、电气、液压融合为一体,可同时满足恒减速制动控制液压系统与提升机械系统的建模需求。综合比较几种常见的仿真软件,AMESim 比较适合矿井提升机恒减速制动系统的建模与仿真,同时,该软件可实现与其他软件的联合仿真,满足了复杂系统的模型、算法建立及结果仿真。本书选用 AMESim 软件实现恒减速制动系统的性能仿真。

3.2.2　比例溢流阀仿真模型

作为恒减速制动系统的重要液压元件,比例溢流阀在整个制动系统中起到重要作用。当安全制动时,由比例溢流阀调定系统压力,由系统压力控制系统的制动正压力,从而实现二级制动;在紧急制动情况下,由比例溢流阀实时调定压力,由反馈速度的大小判定减速度的大小,从而实现恒减速制动。因此,选择动态性能优越的比例溢流阀作为恒减速制动控制的核心控制元件,有利于提高恒减速制动控制的性能。

按结构形式可将比例溢流阀分为先导式比例溢流阀和直动式比例溢流阀,前者常用于压力和流量都比较大的工况,而后者常用于压力和流量较小的工况。此外,先导式溢流阀的灵敏度低于直动式溢流阀。但其稳定性高于直动式比例溢流阀。相比之下,相同参数的两种阀体,直动式溢流阀具有一定价格优势[56],其性价比高于先导式溢流阀,在稳定性要求不高的情况下可以选择直动式溢流阀。

本书所研究的恒减速制动控制系统具有压力小、流量低的特点,同时,在恒减速制动系统中,对比例溢流阀的灵敏度要求较高,因此,综合考虑流量、灵敏度、压力、性价比等方面的因素,以直动式比例溢流阀作为主要控制对象,实现恒减速制动时压力随工况变化的调定。

直动式比例溢流阀的阀芯平衡力包括作用在阀芯处的液压压力和弹簧弹力,当二者刚好相等时阀芯便处于平衡位置。随着电子电路的发展,现已实现控制信号与阀芯位置较好的线性关系,通过调节阀芯位置实现对液压压力的控制。根据阀口位置与测压面的组合形式不同,可将直动式比例溢流阀分为滑阀式端面测压、锥阀式端面测压和锥阀式锥面测压三种结构形式。如图 3-2 至图 3-4 中 F_p 为阀芯压力,A 为测压面,K 为弹簧,P 为压力油入口,T 为卸压口。

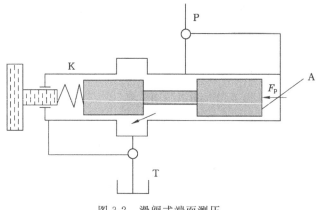

图 3-2　滑阀式端面测压

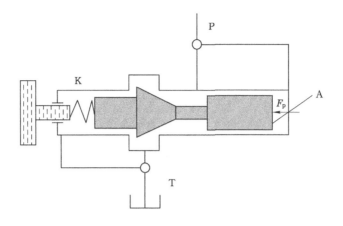

图 3-3　锥阀式端面测压

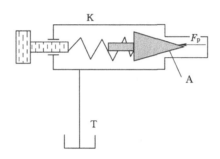

图 3-4　锥阀式锥面测压

　　为提高比例溢流阀的线性度,以电磁铁作为被控对象,由电压信号的大小控制电磁铁的电磁力,从而控制推杆和弹簧中的推力。由于弹簧弹力与液压压力之间为作用力和反作用力关系,当电信号增大时,电磁力也随之增大,且两者呈比例关系,由此得名为"比例溢流阀"。

　　选取意大利阿托斯公司生产的 RZMO-TERS-PS-010/100 型直动式比例溢流阀,型号中 RZMO 表示阀芯型号,阀的压力变化量与控制信号的输入量呈一定线性关系;TERS 为传感器与放大器类型,集成了闭环控制所需的传感与控制接口;PS 表示通信方式;010 表示压力油进出口的位置;100 表示压力极限值,单位为 bar,1 bar＝0.1 MPa。

　　根据上述对直动式比例溢流阀的介绍,基于 AMESim 仿真软件,将溢流阀的工作原理以建模形式展示,进一步实现仿真分析。对阀芯的作用力主要包含液压压力和电磁力,且在一定范围内变化。根据阀芯的受力形式,建立直动式比例溢流阀模型时需用到 BAP026 子模型(如图 3-5 所示)。子模型 BAP026 展示了阀芯的轮廓信息,因阀芯质量较低,所以建模时可不考虑质量因素,而实际模型中阀芯质量不可忽略,因此,为提高模型的仿真精度,应添加 MAS005 子模型,即增添质量块,如图 3-6 所示,将质量块的重力信息、表面摩擦系数及可移动的范围作为主要参数显示在模型中。

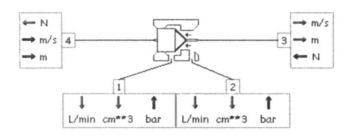

图 3-5　BAP026 子模型

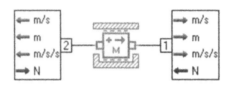

图 3-6　MAS005 子模型

此外,模型中还应设置 FORC 子模型表示电磁铁,建立电信号与电磁作用力之间的一一对应关系。根据模型仿真需求,选用直动式比例溢流阀,基于 AMESim 环境搭建的仿真模型如图 3-7 所示。

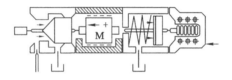

图 3-7　直动式比例溢流阀模型

单独的直动式比例溢流阀无法进行动态性能仿真,因此,还应增添电压控制信号及液压泵,最终可得仿真模型如图 3-8 所示。

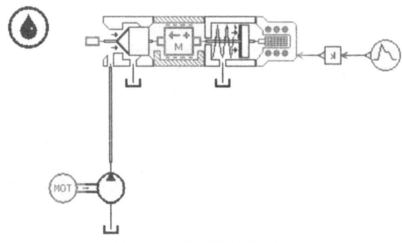

图 3-8　直动式比例溢流阀仿真模型

3.2.3　比例溢流阀仿真结果分析

直动式比例溢流阀的阀芯控制直接对应液压压力的调节,作为恒减速制动液压系统中的核心关键元件,仿真过程中应满足提升机制动的相关规程。溢流阀的动态响应特性应满足下列规定:

(1) 系统的工作油压:当油压在 1 MPa～p_{max}×80% 范围内时,系统的振荡幅值小于 0.2 MPa,制动压力的上下波动范围为±0.6 MPa,以此保证稳定性对系统油压的要求。

(2) 当油压值在 (0.2～0.8)p_{max} 范围内时,控制信号与油压值之间为线性关系。

(3) 当油压值在 (0.2～0.8)p_{max} 范围内时,控制信号对油压的控制响应时间应在 0.15 s 内,且具有较好的随动性[57]。

验证直动式比例溢流阀是否能满足上述条件时,以外部激励信号作为仿真模型的输入信号。对图 3-8 中的仿真模型输入阶跃信号,测试阶跃信号下溢流阀的动态响应结果,阶跃信号的值设置为 2 V、3.5 V、5 V、8 V;通过检测溢流阀的电压驱动信号与油压值之间的关系是否成比例,来判断稳态精度能否达到要求;同时对仿真模型施加正弦驱动信号,检测溢流阀的油压值与控制信号之间的伺服随动性——通过三种信号测试其动态性能。

利用搭建的模型,将模型的相关参数设置为选定的溢流阀参数,对阶跃信号的响应仿真结果如图 3-9 所示。由仿真结果可知油压值的上升时间随阶跃信号的值上升而上升,调整时间也变大。图中分别展示了 2 V、3.5 V、5 V、8 V 阶跃信号下输出油压的上升过程,当输入信号为 5 V 时,由图可知,上升时间和稳定时间分别为 0.12 s、0.14 s,在满足响应速度的前提下也满足调节精度的要求。

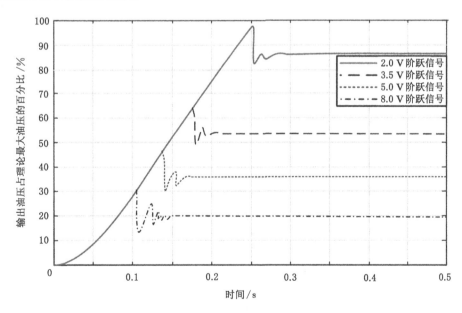

图 3-9　直动式比例溢流阀的阶跃响应仿真结果

对溢流阀施加斜坡函数得到的响应曲线如图 3-10 所示。直动式比例溢流阀在斜坡函数下的响应曲线在调整初期有略微波动,但随动的滞后时间较短,且响应曲线基本保持线性关系。施加正弦函数后得到的响应曲线如图 3-11 所示,其油压值与控制信号能保持良好的随动关系。由仿真结果可知直动式比例溢流阀能满足矿井提升机液压制动系统的性能要求。直动式比例溢流阀具有较好的动态响应特性和良好的稳定性,能同时满足工作制动和紧急制动情况下的恒减速制动要求,可在恒减速制动系统中实现快速调节,验证了理论分析中直动式比例溢流阀的可行性。

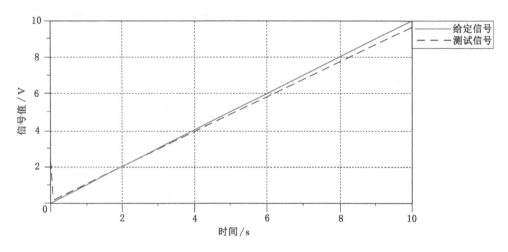

图 3-10　直动式比例溢流阀的斜坡信号响应

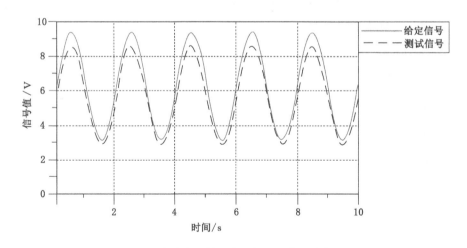

图 3-11　直动式比例溢流阀的正弦信号响应

3.3　蓄能器建模与分析

比例溢流阀在左右移动的过程中,会使油压出现高频脉动,为提高系统的稳定性,降低油压脉动对液压系统带来的安全隐患,保证盘式制动器中液压油的流量,常在液压系统中增添蓄能器。蓄能器在液压系统中为恒减速制动控制系统提供辅助制动动力,当液压站中的供油不足时,由蓄能器向液压系统供油,补充油压。若系统处于恒力矩向恒减速转变的状态,则蓄能器起到卸压的作用[58-59],因此,蓄能器性能的优劣也会影响到恒减速制动控制的动态响应特性。故在此对蓄能器的性能做建模分析。

3.3.1　蓄能器的数学建模

蓄能器的主要结构包括菌形阀、放气阀、壳体、皮囊、充气阀、气腔及液腔,蓄能器在出厂时会在气腔内预充氮气,氮气的压力由生产厂商设定。蓄能器由此有了预存压力,当液压系统中压力值小于内部预充的氮气压力时,液压油被内部氮气压力往外排,此时蓄能器处于供油状态。当液压系统中的压力大于氮气压力时,液压油由油路压力压入蓄能器,此时蓄能器处于蓄能模式[60]。

蓄能器的蓄能吸油和释能排油过程由菌形阀的开、闭状态决定,当液压回路中的油压值小于蓄能器中的氮气预压力时,当菌形阀阀芯关闭时,阀芯受力状态为:

$$p_{a0} \cdot S > p_L \cdot S + F \tag{3-10}$$

式中　p_{a0}——蓄能器中的预设压强值,MPa;

S——阀芯有效面积,m^2;

p_L——液压回路中的油压,MPa;

F——平衡弹簧的弹力,N。

若改变压力平衡状态,菌形阀的阀芯打开,阀芯受力状态为:

$$p_{a0} \cdot S < p_L \cdot S + F \tag{3-11}$$

对蓄能器做受力分析,将内部气腔的压力分布进行力学模型简化,如图 3-12 所示,图中 p_b 为回路中蓄能器所在位置油压压力,不考虑回路中的沿程损失,p_b 与 p_L 近似相等,V_a 为气腔内氮气的体积,C_a 表示气体阻尼系数。

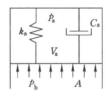

图 3-12　蓄能器力学模型

图 3-12 中,p_a 为蓄能器中的压强,A 为蓄能器活塞的有效面积。

根据气体体积随压强变化计算气体的刚度值 k_a:

$$k_a = \frac{\Delta F}{\Delta x} = \frac{\Delta p \cdot A_a}{\Delta V / A_a} = A^2 \frac{\Delta p}{\Delta V} = A^2 \frac{k p_a V_a^k}{V^{k+1}} \tag{3-12}$$

式中　p_a——蓄能器中的压强,MPa;

ΔF——蓄能器压力变化量,MPa;

Δx——活塞位移变化量,m;

Δp——压强变化量,MPa;

ΔV——体积变化量,m^3;

V_a——蓄能器皮囊中气体体积,m^3;

V——气腔在系统工作压强为 p 时的体积,m^3;

A_a——蓄能器蓄能器壳体中间横截面的内缘面积,m^2;

k——理想气体的绝热指数。

结合气体阻尼系数的经验公式可知,C_a 的计算如下:

$$C_a = 8\pi\mu \frac{V_a}{A} \tag{3-13}$$

式中　μ——蓄能器中氮气的黏度系数。

由于蓄能器中气体体积变化与液压油进出量的体积应为等体积关系,因此气腔内体积的变化与进出口油量的变化相等,由此有蓄能器的进口流量 $q = -\Delta V/\Delta t$。由此可进一步计算蓄能器处的压力油流量值:

$$Q = -k_a \cdot V_a \tag{3-14}$$

式中　"$-$"——体积变化与压力变化相反。

结合式(3-14)与式(3-11),将液压油的流量值代入平衡方程式(3-11),并对其做拉氏变换,则有式(3-15)。

$$[p_b(s) - p_a(s)] \cdot A = -\left(\frac{k_a}{A \cdot s} + \frac{C_a}{A}\right) \cdot q(s) \tag{3-15}$$

力学建模过程中,为简化计算,将气囊的有效面积与蓄能器壳体的内缘面积取为相等,此时得到的面积为 A_a。同时,忽略液压油的弹性模量,假设腔内的液压油质量为 m_a,则此时的力学平衡方程如式(3-16)所示:

$$(p - p_a) \cdot A_a = \left(m_a \frac{d^2 V_a}{dt^2} + B_b \frac{dV_a}{dt} + C_a \frac{dV_a}{dt} + k_a V_a\right) / A_a \tag{3-16}$$

式中　p——进油口处的油压值,MPa;

p_a——气囊内的气压值,MPa;

A_a——油腔的有效横截面积,m^2;

m_a——油腔内液压油的质量,kg;

B_b——液压油的阻尼系数;

μ——液压油的动力黏度,$Pa \cdot s$;

C_a——氮气阻尼系数;

k_a——氮气的压缩系数。

气体在某时间点的压力 p_0 和体积 V_0 与任意时间点的工作压力 p_1 和气体体积 V_1 之间满足式(3-17)所示的关系:

$$p_1 \cdot V_1^k = p_0 \cdot V_0^k \tag{3-17}$$

对初始点 (p_0, V_0) 进行求导,省略高次项后展开后得到式(3-18):

$$\frac{dp_1}{dt} = -\frac{kp_0}{V_0} \cdot \frac{dV_1}{dt} \tag{3-18}$$

综合式(3-14)、式(3-18)可得气腔内压强的计算式：

$$p_a = \frac{kp_0}{V_0} \cdot q \tag{3-19}$$

将式(3-14)、式(3-19)代入式(3-16)后进行拉氏变换得式(3-20)：

$$G(s) = \frac{p_4(s)}{Q_4(s)} = \frac{1}{A_a^2 \cdot s} \left[m_a s^2 + (B_b + C_a)s + \left(k_a + \frac{kp_{a0}A_a^2}{V_{a0}} \right) \right] \tag{3-20}$$

结合式(3-14)，可得体积变化与压力变化之间的传递函数的表达式：

$$G(s) = \frac{V(s)}{p_4(s)} = \frac{A_a^2}{m_a s^2 + (B_b + C_a)s + \left(k_a + \frac{kp_{a0}A_a^2}{V_{a0}} \right)} \tag{3-21}$$

对传递函数做进一步整理可得式(3-22)：

$$G(s) = \frac{A_a^2}{k_a + \dfrac{kp_1 A_a^2}{V_1}} \cdot \frac{\omega_n^2}{s^2 + 2\zeta\omega_n s + \omega_n^2} \tag{3-22}$$

式中　ω_n——固有频率，通常可表示为 $\omega_n = \sqrt{k_x/m_a}$，其中，$k_x$ 为蓄能器的等效弹性系数，

可表示为 $k_x = \sqrt{k_a + k \cdot p_1 \cdot A_a^2 / V_1}$；

ζ——蓄能器中气腔到油腔过渡处的等效阻尼，可计算为 $\zeta = (B_a + C_a)/(2\sqrt{k_x m_a})$。

根据波尔定律，调节蓄能器中的压力源为氮气，活塞式蓄能器中氮气部分的压力与体积满足式(3-23)：

$$p_0 V_0^n = p_1 V_1^n = p_2 V_2^n = C \tag{3-23}$$

式中　p_0——蓄能器中的初始充气压力，MPa；

p_1——蓄能器的最低工作压力，MPa；

p_2——蓄能器的最高工作压力，MPa；

V_1、V_2——压力 p_1、p_2 对应的气腔体积，m^3；

n——指数。

3.3.2　蓄能器的仿真分析

(1) 基于 AMESim 的蓄能器建模

因 AMESim 中建模时无法找到与回路中各项参数都完全一致的蓄能器，且蓄能器中气囊向弹簧转换的过程无法精确获取各转换参数，因此无法在 AMESim 中建立与模型完全匹配的子模型所搭建的蓄能器。为此，建模过程中选择与现实应用中蓄能器相似的蓄能器作为仿真元件。

首先在仿真软件中建立草绘模型，以 HCD 模型库中提供的 HA0001 蓄能器作为仿真实验的核心元件，同时对照液压系统选择与参数相匹配的液压元件及模拟信号共同组建的液压系统模型[61-62]，系统中的泵、溢流阀以及电动机的参数与实际液压系统中的参数保持一致。

根据仿真需求搭建的液压仿真模型如图 3-13 所示。

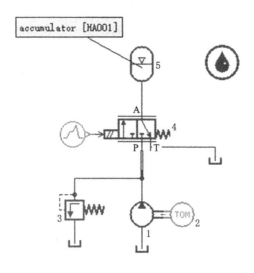

1—液压泵;2—电动机;3—安全阀;4—换向阀;5—蓄能器。

图 3-13　蓄能器液压仿真模型

（2）仿真结果分析

根据前述的力学建模分析,对各个子模型选择适合的数学模型,按表 3-4 设定仿真参数[63-64],并设定运行时间和运行步长,一一分析各个时间段内的仿真结果。

表 3-4　蓄能器仿真参数设定

参数	数值	单位
电动机转速	1 500	r/min
泵额定转速	1 500	r/min
泵排量	100	mL/r
溢流阀预设压力	7	MPa
蓄能器预充压力	5	MPa
蓄能器体积	2.5、4、6.3	L

当 $t<0.2$ s 时,电压信号未施加于电磁换向阀,此时阀芯位置处于右位,电动机与泵均为启动状态,为液压系统提供了油压。当时间到达 0.2 s 时,向电磁换向阀提供阶跃电压信号,此时电磁阀得电,电磁力克服弹簧弹力使阀芯往左移,连接蓄能器的油路开始为蓄能器供油。当时间为 0.4 s 时,蓄能器完成充油。当时间为 0.6 s 时,电磁换向阀的供电电压降为 0,此时换向阀的阀芯恢复到初始位置,并为液压系统补充压力油,即工作模式由充油状态变为泄油状态。

根据仿真参数的设定,油腔中的压力仿真如图 3-14 所示。

根据仿真结果,可获取容积为 2.5 L 的蓄能器仿真响应结果统计,如表 3-5 所示。

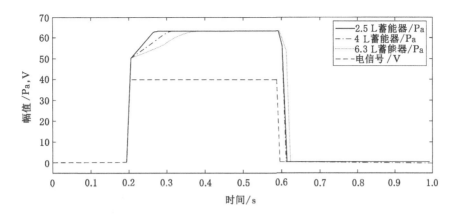

图 3-14　蓄能器液压仿真结果

表 3-5　2.5 L 蓄能器响应结果统计

	脉冲信号激励启动	脉冲信号激励停止	油压响应特性	油压稳定	过渡时间
充油	(0.2,0)	(0.21,40.6)	(0.21,50.3)	(0.27,63.1)	0.07 s
泄油	(0.6,63.2)	(0.6,63.2)	(0.6,63.2)	(0.61,54.0)	0.02 s

由动态响应结果统计可知,2.5 L 蓄能器充油和泄油过程的过渡时间分别为 0.07 s 和 0.02 s,蓄能器充油过程达到稳定点的过程时间为 0.06 s,泄油过程达到稳定点的过程时间为 0.01 s。

根据仿真结果,可获取容积为 4 L 的蓄能器仿真响应结果统计,如表 3-6 所示。

表 3-6　4 L 蓄能器响应结果统计

	脉冲信号激励启动	脉冲信号激励停止	油压响应特性	油压稳定	过渡时间
充油	(0.20,0)	(0.21,50.6)	(0.21,50.3)	(0.31,63.1)	0.11 s
泄油	(0.59,63.2)	(0.6,63.2)	(0.6,63.2)	(0.61,57.1)	0.02 s

由动态响应结果统计可知,4 L 蓄能器充油和泄油过程的过渡时间分别为 0.11 s 和 0.02 s,充油过程达到稳定点所需的时间为 0.1 s,泄油过程达到稳定点所需的时间为 0.1 s。

根据仿真结果,可获取容积为 6.3 L 的蓄能器仿真响应结果统计如表 3-7 所示。

表 3-7　6.3 L 蓄能器响应结果统计

	脉冲信号激励启动	脉冲信号激励停止	油压响应特性	油压稳定	过渡时间
充油	(0.20,0)	(0.21,50.6)	(0.21,50.3)	(0.37,63.3)	0.17 s
泄油	(0.6,63.2)	(0.6,63.2)	(0.61,54.0)	(0.62,53.9)	0.03 s

由动态响应结果统计可知,蓄能器充油过程的过渡时间为 0.17 s,蓄能器泄油过程的过渡时间为 0.03 s,达到稳定点所需的过程时间分别为 0.16 s 和 0.1 s。

根据《煤矿安全规程》和《煤矿用 JTP 型提升绞车安全检验规范》(AQ 1033—2007)对煤矿提升运输制动系统蓄能器的相关规定,系统应满足如下要求:

(1)恒减速制动系统当处在安全制动模式时,盘式制动器制动闸瓦从开始动作到贴闸时的时间不大于 0.3 s。

(2)系统的工作油压为 $(0.2 \sim 0.8) p_{max}$ 时,油压对电控信号激励的响应时间必须控制在 0.15 s 之内。

(3)当工作油压处于稳定状态中,油压值为 $(0 \sim 0.8) p_{max}$ 时,系统油压变化的振荡范围在 0.2 MPa 以内。

由仿真结果可知,系统稳定后,油压波动范围小于 0.1 MPa,因此,满足要求。

3.4 电磁阀动态响应特性

恒减速制动控制系统中电磁换向阀的主要作用在于系统液压回路的切换,当需要改变系统工作模式时,直接切换液压回路便可实现恒力矩/恒减速、启动/制动等模式的切换。若电磁换向阀的选型与液压系统不匹配,可能会导致系统回路中的工作模式切换响应不及时,当系统卸压时间过长时,将导致制动滞后,严重时可能直接威胁到人员生命安全。除此之外,电磁阀的稳定性也是一个重要指标,若电磁换向阀的阀芯不稳定,可能会导致换向过程中出现卡死问题,直接关系到系统是否能可靠制动,同时还影响到阀芯的使用寿命[65]。为此,使用前做好对电磁换向阀的相关性能研究很有必要。本节主要从电磁换向阀的力学模型和动态仿真方面进行分析。

3.4.1 电磁阀力学模型分析

液压系统中用到多个电磁阀,但其结构和工作原理基本类似,故分析过程以其中的 G_1(图 3-1)为例进行说明。图 3-15 所示为电磁换向阀的结构,包括工作油腔 A、B,进油口 P 和出油口 T 形成的液压回路,以及电磁线圈、铁芯、衔铁、回复弹簧、弹簧座、阀体以及阀芯等构件。

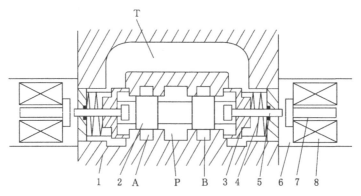

1—电磁阀体;2—阀芯;3—弹簧座;4—回复弹簧;5—推杆;6—铁芯;7—衔铁;8—线圈。

图 3-15 电磁换向阀结构

电磁阀的工作状态主要分为未得电、左端得电、右端得电、失电等,下面对每个工作状态进行分析。

当电磁阀处于未得电状态时,阀芯处于中位,此时的工作油腔与进出口之间互不相连,液压油路处于阻断状态,未形成回路。

当电磁阀的左端得电时,电磁力克服弹簧的回复力使阀芯往左移动,阀芯由中位切换为左位,此时进油口与 B 连通,出油口与 A 连通,并单独形成了油液回路。

当电磁阀的右端得电时,电磁力克服弹簧的回复力使阀芯往右移动,阀芯由中位切换为右位,此时进油口与 A 连通,出油口与 B 连通,同样形成单独的油液回路。

当电磁阀突然掉电时,阀芯受弹簧回复力的作用往中位慢慢移动,直至进油腔、出油腔、进油口和出油口全部封闭[66]。

根据电磁阀的结构原理,其力学模型如式(3-24)所示:

$$m\ddot{x} = F_d + F - B_f\dot{x} - k_s(x + x_c) \tag{3-24}$$

式中　m——电磁阀阀芯的质量,kg;

　　　x——阀芯的移动位移,m;

　　　F_d——电磁吸力大小,N;

　　　F——油液的轴向压力,N;

　　　B_f——油液的黏性阻尼,N·s/m^2;

　　　k_s——回复弹簧的弹性系数,N/m;

　　　x_c——弹簧的压缩量,m。

当电磁阀的工作状态变动时,阀芯轴向的油压可表示为:

$$F = -k_e x - B_1\dot{x} \tag{3-25}$$

式中　k_e——液动力处于稳态时油液的刚度值,可由式(3-26)计算;

　　　B_1——油液的瞬间阻尼系数,可由式(3-27)计算。

$$k_e = 2C_d C_v \pi D \cos\partial(p_p - p_1) \tag{3-26}$$

$$B_1 = C_d \pi \cdot \sqrt{\rho(p_p - p_1)}(l_2 - l_1) \tag{3-27}$$

式中　C_d——流量系数,m^3/(h·kPa);

　　　C_v——速度系数;

　　　D——阀芯的有效直径,m;

　　　∂——油液射流角度,rad;

　　　p_p——进油口压力,Pa;

　　　p_1——负载的压力,Pa;

　　　ρ——液压油密度,kg/m^3;

　　　l_1、l_2——阀芯左腔和中腔的阻尼长度,m。

由库仑定律可计算电磁吸力的大小为:

$$F_d = \frac{(NI)^2\mu_0}{2K_d^2\delta^2} \tag{3-28}$$

式中　N——电磁线圈匝数;

  I——电流值,A;

  μ_0——真空状态下的磁导率;

  K_f——漏磁系数;

  δ——电磁气隙,m。

结合式(3-28)、式(3-25)、式(3-24),对动力学方程进一步整理可得式(3-29):

$$m\ddot{x} + Bg + Kx = F_d - k_s x_c \qquad (3\text{-}29)$$

式中 B——等效阻尼系数,$B = B_1 + B_f$;

   K——等效刚度,$k = k_e + k_s$。

3.4.2 电磁阀的动态仿真分析

(1) 电磁换向阀仿真建模

基于电磁换向阀的结构原理及力学模型,利用 AMESim 软件,结合实际参数构建电磁换向阀的仿真模型[67],如图 3-16 所示,包括电动机、溢流阀、泵、蓄能器等液压元件,其参数设置均与现场实际保持一致。

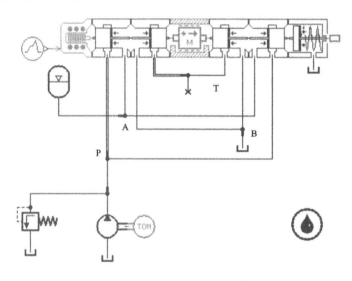

图 3-16 电磁换向阀的仿真模型

(2) 仿真结果分析

在子模型模式中,为电磁换向阀选择相应的数学模型,在参数设置模式下根据电磁换向阀的实际尺寸等相关参数进行参数的设定[68-69],其参数设定如表 3-8 所示。完成参数设置后在 Run 模式下完成仿真运行时间与仿真运行步长的设定,并根据仿真结果观察电磁换向阀的动态响应特性。

当 $t < 0.2$ s 时,给电磁换向阀提供阶跃电压信号,此时阀芯做换向动作,进出口油腔的油路连通,电动机驱动泵工作,为系统提供压力油。当蓄能器完成充油后,0.2 s 时电压阶跃信号降低为 0,此时电磁换向阀的阀芯逐渐恢复至初始位置,蓄能器开始处于泄油状态,为系统补充压力油。

表 3-8　电磁换向阀仿真参数

参数	单位	数值
电动机转速	r/min	1.5×10^3
泵的额定转速	r/min	1.5×10^3
泵的排量	mL/r	100
预设压力	MPa	7
蓄能器的预充压力	MPa	5
阀腔的直径	mm	10
阀杆的直径	mm	5
阀芯质量	kg	0.05
油液黏滞系数	N/(m/s)	50
弹簧刚度	N/mm	800

根据设定的参数与运行模式,得到电磁换向阀的仿真结果如图 3-17 所示。

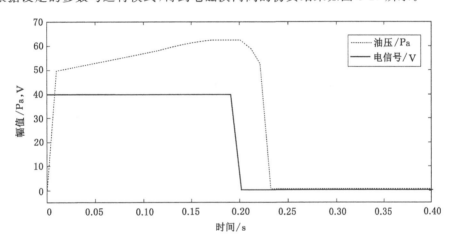

图 3-17　电磁换向阀仿真运行结果

根据仿真结果,可获取电磁换向阀仿真响应结果统计,如表 3-9 所示。

表 3-9　电磁换向阀响应结果统计

	脉冲信号激励启动	脉冲信号激励停止	油压响应特性	油压稳定	过渡时间
充油	(0,0)	(0.19,40)	(0.01,50)	(0.18,63.2)	/
泄油	(0.19,40)	(0.20,0)	(0.2,63.2)	(0.23,0)	0.04 s

由动态响应结果统计可知,制动器卸压过程的动态响应为 0.04 s,蓄能器泄油过程的动态响应为 0.03 s。

将仿真结果与《煤矿安全规程》和《煤矿用 JTP 型提升绞车安全检验规范》(AQ 1033—2007)对煤矿提升运输对制动系统电磁换向阀的相关规定对比可知,电磁换向阀满足要求:

（1）提升机的恒减速制动系统在安全制动状态下，制动闸瓦从运行到贴闸，空动时间不大于 0.3 s。

（2）液压系统的油压值在 $(0.2 \sim 0.8) p_{max}$ 时，油压随控制信号变化的滞后时间不大于0.15 s。

（3）当系统在 $(0 \sim 0.8) p_{max}$ 下工作时，油压值在稳定值上下波动的振荡幅值不大于0.2 MPa。

3.5 盘式制动器动态响应特性

提升机的恒力矩制动和恒减速制动控制过程中，制动闸瓦作为制动过程中的主要执行装置，其性能的好坏直接关系到提升机是否能有效减速停车，在整个制动控制系统中起到举足轻重的作用。恒减速制动过程中对制动的动态响应特性要求较高，制动闸瓦作为制动器的末端执行元件，其动态响应特性直接影响到系统的制动动态性能。设计中务必保证盘式制动器的动态性能不要成为制动系统的短板，本节将对制动器力学模型的建立及动态响应特性进行分析。

3.5.1 盘式制动器力学模型分析

盘式制动器的结构原理如图 3-18 所示，主要由碟形弹簧、制动闸瓦及制动盘组成，其中制动盘与提升机主轴固连。

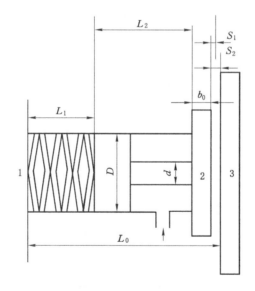

1—碟形弹簧；2—制动闸瓦；3—制动盘。

图 3-18　盘式制动器的主要结构

工作过程中，液压油从下端进油口进入制动闸瓦内腔，此时活塞右侧受油液压力，当压力值逐渐增大，直至压力大于左侧弹簧弹力时，活塞开始往左移动，闸瓦逐渐与制动盘分离，此时系统处于开车运行状态;当系统的油压值降低,弹簧弹力大于油液压力时,活塞逐渐往右移,直至与制动闸盘贴合,此时制动盘逐渐受制动力矩的作用,提升机减速运行,至稳定停车,此时靠弹簧弹力将制动盘紧紧抱死[70]。

3.5.1.1　制动闸瓦制动过程力学分析

（1）闸瓦打开状态

当油压系统的压力值达到最大时,液压回路克服弹簧系统的弹力,将闸瓦完全打开[71],此时有式(3-30):

$$p_{max}A = K_{ps}\Delta x_1 \tag{3-30}$$

式中　A——活塞的有效面积,mm^2;

　　　K_{ps}——碟形弹簧的刚度值,N/m;

　　　Δx_1——碟形弹簧的压缩量,mm。

根据闸瓦的形变量、闸瓦间隙等参数值有式(3-31)的几何关系:

$$L_0 = L_1 + L_2 + b_0 + S_2 \tag{3-31}$$

式中　L_0、L_1、L_2——制动器的结构参数;

　　　b_0——未与制动盘触碰时的闸瓦厚度,mm;

　　　S_1——最小闸瓦间隙,mm;

　　　S_2——最大闸瓦间隙,mm。

（2）闸瓦完全制动状态

与闸瓦打开状态相反,当系统油压值最小时,碟形弹簧的弹力克服了油液压力往右移,此时闸瓦与制动盘完全贴合,所获的制动力矩达最大值[72],其计算如式(3-32)所示:

$$F_{b0} = K_{ps}\Delta x_0 - p_c A = K_{bt}(b_0 - b_1) \tag{3-32}$$

式中　Δx_0——完全制动时,碟形弹簧的压缩量,mm;

　　　p_c——残余油压值,MPa;

　　　K_{bt}——制动闸瓦刚度值,N/m;

　　　b_1——完全制动状态下的闸瓦厚度,m。

制动状态下的结构尺寸关系如式(3-33)所示:

$$L_0 = L_1 + S_2 + (\Delta x_1 - \Delta x_0) + L_2 + b_1 \tag{3-33}$$

由式(3-31)与式(3-33)得式(3-34):

$$b_0 - b_1 = \Delta x_1 - \Delta x_0 - S_2 \tag{3-34}$$

结合式(3-30)有式(3-35):

$$\Delta x_1 = \frac{p_{max}A}{K_{ps}} \tag{3-35}$$

将其代入式(3-32)有式(3-36):

$$\Delta x_0 = \left[K_{bt}\left(\frac{p_{max}A}{K_{ps}} - S_2 \right) + p_c A \right] / (K_{bt} + K_{ps}) \tag{3-36}$$

此时可获得最大制动力矩,计算如式(3-37)所示:

$$F_{b0} = K_{ps}\Delta x_0 - p_c A = \frac{K_{bt}}{K_{bt} + K_{ps}}[(p_{max} - p_c)A - K_{ps}S_2] \tag{3-37}$$

最大制动力矩状态下闸瓦厚度最小,该最小值的表达如式(3-38)所示:

$$b_1 = b_0 - [(p_{\max} - p_c)A - K_{ps}S_2]/(K_{bt} + K_{ps}) \qquad (3-38)$$

(3)临界接触状态

临界接触状态是指制动器的闸瓦与制动盘之间处于刚好接触且受力为 0 的状态,因此时制动力为大于 0 的临界点,故称为临界接触。临界接触状态闸瓦变形量为 0,且闸瓦与制动盘之间的间隙刚好为 0,此时对应的油液压力即为临界油压值 p_j[73],此时制动器的力学分析如式(3-39)所示:

$$p_j A = K_{ps} \Delta x_2 \qquad (3-39)$$

式中 Δx_2——临界接触状态下,碟形弹簧的压缩量,mm。

临界接触状态下的结构尺寸关系如式(3-40)所示:

$$L_0 = L_1 + S_1 + (\Delta x_1 - \Delta x_2) + L_2 + b_0 \qquad (3-40)$$

将式(3-40)、式(3-31)相结合后可进一步求解 Δx_2,可由式(3-41)计算,并将计算式代入式(3-39)后有接触时的临界油压,计算如式(3-42)所示。

$$\Delta x_2 = \Delta x_1 - S_2 = \frac{p_{\max} A}{K_{ps}} - S_2 \qquad (3-41)$$

$$p_j = p_{\max} - \frac{K_{ps} S_x}{A} \qquad (3-42)$$

式中 S_x——碟形弹簧的压缩量为 x 时对应的闸瓦间隙大小,mm。

(4)制动过程

当系统的油压值为 $p_c < p < p_j$ 时,制动系统有效制动力矩的计算如式(3-43)所示:

$$F_b = K_{ps} \Delta x - pA = K_{bt}(b_0 - b) \qquad (3-43)$$

式中 Δx——制动过程中碟形弹簧的压缩量,mm;

b——制动过程中闸瓦的厚度,mm。

此时对应的结构尺寸如式(3-44)所示:

$$L_0 = L_1 + S_1 + (\Delta x_1 - \Delta x) + L_2 + b_0 \qquad (3-44)$$

联合式(3-44)、式(3-31)可得闸瓦厚度与弹簧压缩量之间的关系如式(3-45)所示:

$$b_0 - b = \Delta x_1 - \Delta x - S_2 \qquad (3-45)$$

进一步结合式(3-43),对弹簧压缩量进行计算,如式(3-46)所示:

$$\Delta x = \frac{K_{bt}(\Delta x - S_2) + pA}{K_{bt} + K_{ps}} \qquad (3-46)$$

故此时弹簧的有效制动力矩可由式(3-47)计算:

$$F_b = K_{ps} \Delta x - pA = \frac{K_{bt}}{K_{bt} + K_{ps}}[(p_{\max} - p)A - K_{ps}S_2] \qquad (3-47)$$

3.5.1.2 制动力矩的力学建模

盘式制动器制动力主要以摩擦力的形式呈现,因此,摩擦力矩可由闸瓦与制动盘之间的摩擦力矩表示[74],可由式(3-48)计算:

$$T = 2n\mu F_b R_a \qquad (3-48)$$

式中 μ——制动力的摩擦系数,取 $\mu = 0.4$;

F_b——制动力的有效值,N;

R_a——有效摩擦半径,mm。

根据制动盘的制动特性,构建制动闸瓦与制动盘之间的力学模型如图 3-19 所示,根据力学平衡方程,可得系统油压值的计算如式(3-49)所示。

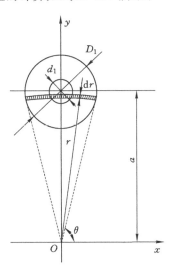

图 3-19　盘式制动器的力学分析

$$p^* = \frac{F_b}{A} \tag{3-49}$$

结合液压油的有效作用面积可知,$A = \pi(D_1^2 - d_1^2)/4$。在 d_1 与 D_1 内的圆环内,为进一步求解制动盘的有效制动力矩,首先假设整个 D_1 范围内均受油压 p^* 的制动作用,因此在整个圆面积内的有效摩擦力矩为 M_1,并利用类似的方法求解小圆中的有效摩擦力矩 M_2,计算完后对两个摩擦力矩求差值即可得到有效的制动力矩。如图 3-19 所示,在制动盘中取微量单元,计算闸瓦(大圆)作用在制动盘上的摩擦力矩如式(3-50)所示。

$$M_1 = \int_{a-\frac{D_1}{2}}^{a+\frac{D_1}{2}} \mu p^* r(\pi - 2\theta) r \, dr \tag{3-50}$$

为进一步求解半径 r 与摩擦角 θ 之间的关系,首先确定大圆的函数表达式,如式(3-51)所示。其中 x、y 的表达如式(3-52)所示。

$$x^2 + (y - a)^2 - \frac{D_1^2}{4} \tag{3-51}$$

$$\begin{cases} x = r\cos\theta \\ y = r\sin\theta \end{cases} \tag{3-52}$$

联合式(3-51)、式(3-52)可知 θ 的函数表达如式(3-53)所示:

$$\sin\theta = (a^2 - \frac{D_1^2}{4} + r^2)/(2ar) \tag{3-53}$$

θ 的取值范围为 $(0, \pi/2)$,因此进一步有:

$$\theta = \arcsin\left[(a^2 - \frac{D_1^2}{4} + r^2)/(2ar)\right] \tag{3-54}$$

将 θ 的表达式代入摩擦力矩的计算式,分别有式(3-55)、式(3-56)。

$$M_1 = \int_{a-\frac{D_1}{2}}^{a+\frac{D_1}{2}} \mu p^* r (\pi - 2\theta = \arcsin \frac{a^2 - \frac{D_1^2}{4} + r^2}{2ar}) r\,\mathrm{d}r \tag{3-55}$$

$$M_2 = \int_{a-\frac{d_1}{2}}^{a+\frac{d_1}{2}} \mu p^* r (\pi - 2\theta = \arcsin \frac{a^2 - \frac{d_1^2}{4} + r^2}{2ar}) r\,\mathrm{d}r \tag{3-56}$$

根据式(3-55)、式(3-56)中的有效摩擦力矩计算公式,结合其理论计算 $M = \mu F_b R_a$,进一步换算制动器的有效摩擦半径如式(3-57)所示:

$$\begin{cases} M = M_1 - M_2 \\ R_a = \dfrac{M}{\mu F_b} = \dfrac{4\left[\int_{a-\frac{D_1}{2}}^{a+\frac{D_1}{2}} \mu p^* r (\arcsin \frac{a^2 - \frac{D_1^2}{4} + r^2}{2ar}) r\,\mathrm{d}r - \int_{a-\frac{d_1}{2}}^{a+\frac{d_1}{2}} \mu p^* r (\arcsin \frac{a^2 - \frac{d_1^2}{4} + r^2}{2ar}) r\,\mathrm{d}r\right]}{\pi(D_1^2 - d_1^2)} \end{cases} \tag{3-57}$$

进一步计算后有得到摩擦半径 R_a 的表达式为 $R_a \approx 1.001\,615a$,结合实际应用中的提升机主轴的尺寸关系,可直接用 a 表述摩擦半径的大小。若需计算更精确的制动力矩 T,则可将式(3-43)、式(3-46)及式(3-57)联立求解即可。

3.5.2　盘式制动器动态的仿真分析

3.5.2.1　盘式制动器仿真建模

根据图 3-18 中制动器盘形闸的结构,结合提升机恒减速制动原理及制动力学模型,在 AMESim 中搭建制动器的仿真模型如图 3-20 所示。仿真模型中可设置电动机、溢流阀及泵的参数与现场应用中的提升机保持一致。

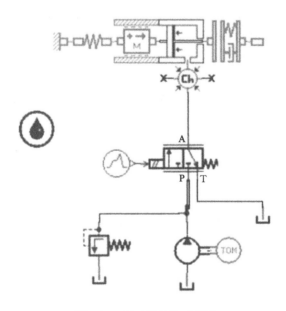

图 3-20　制动器的仿真模型

3.5.2.2　仿真结果分析

在子模型模式下,建立制动过程的数学模型,并在参数设置模式下,将实际应用中的相关参数设置在模型中,如表 3-10 所示。

表 3-10　制动器仿真参数

参数	单位	数值
电动机额定转速	r/min	1.5×10^3
泵的额定转速	r/min	1.5×10^3
泵的排量	mL/r	100
溢流阀设定压力	MPa	7
阀腔的直径	mm	218
阀杆的直径	mm	134
弹簧刚度	N/mm	2.9×10^4

仿真模式选择运行模式后,对运行时长与仿真不补偿进行设置,具体仿真过程及过程结果如下:当时间为 1.5～2 s 时,未给电磁换向阀驱动电信号,此时电磁阀未动作,处于中位,盘式制动器中的油液被截止,没有油压回路的形成。当时间为 2 s 时,开始向电磁换向阀供电,此时油压管路连通,形成回路并为制动器提供液压油。当阶跃信号持续 1 s 后,电磁换向阀失电,阀芯回复到原位,此时制动器闸瓦腔中的油液泄油回至油箱。根据仿真设置,其仿真结果如图 3-21 所示。

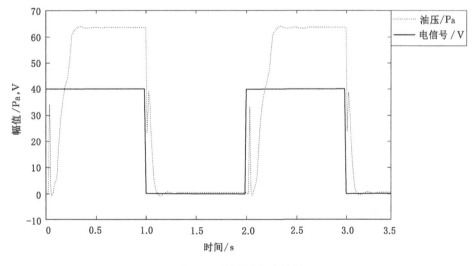

图 3-21　制动器仿真结果

由仿真结果可知,制动器的主要动态响应结果数据如表 3-11 所示,包括充油过程和泄油过程。

由仿真结果统计表可知,从初始状态到充油过程所需的动态响应时间为 0.03 s,整个充油的过程为 0.36 s;泄油过程的动态响应时间为 0.22 s,泄油过程所需要的时间为 0.21 s。

表 3-11　盘式制动器动态响应结果统计

	脉冲信号激励启动	脉冲信号激励停止	油压响应特性	油压稳定	过渡时间
充油	(2,0)	(0.7,40)	(2.02,0)	(2.38,63.2)	0.03
泄油	(0.98,40)	(1,0)	(0.99,63.2)	(1.2,0.02)	0.01

　　针对以上仿真结果,结合《煤矿安全规程》和《煤矿用 JTP 型提升绞车安全检验规范》(AQ 1033—2007)对煤矿用提升绞车的相关规定要求进行分析可知,提升机制动器充油和泄油过程的动态响应时间满足规程要求,包括安全制动过程和系统稳定油压,具体如下:

　　(1) 恒减速制动控制系统中,当液压站为安全制动状态时,制动闸瓦到盘形闸的空行程时间小于 0.3 s。

　　(2) 当系统的油压值在 $(0.2 \sim 0.8)p_{max}$ 时,油压跟随系统变化的动态响应时间必须小于 0.15 s。

3.6　恒减速系统的动态特性仿真

3.6.1　恒减速系统仿真建模

　　利用已经搭建好的直动式比例溢流阀,结合 3.1 节中所设计的恒减速液压制动系统,充分利用 AMESim 中的元件库和液压元件设计中的库,实现恒减速系统动态模型的建立,进一步获取动态运行效果。模型中包含电液比例溢流阀、泵、换向阀和盘式制动器等几大部件。

　　目前,矿井提升机的液压制动执行装置通常采用盘式制动器,本书的仿真背景基于恒减速实验台,以实际提升载荷作为盘式制动器的实验工况。现有制动器一般都应用于较大制动力矩的场合,结合实验台设计出相对应的盘式制动器如图 3-22 所示,利用碟形弹簧实现制动,液压压力实现开闸动作。

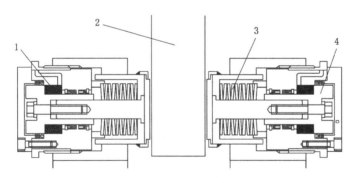

1—液压缸;2—制动盘;3—碟簧;4—活塞缸。

图 3-22　盘式制动器的结构原理

　　由实际提升机恒减速制动系统实验台的最大静张力与制动盘的直径等相关参数,制造加工出的盘式制动器的实物如图 3-23 所示。

图 3-23 盘式制动器实物图

恒减速系统仿真过程中,为提高仿真精度,首先进行仿真建模,根据恒减速液压系统的工作原理,从机械库中调用 FR1R010 模型(转动摩擦副)实现制动盘和闸瓦之间的动力动态仿真。为方便施加约束,以制动盘上的制动力矩替代制动正压力,如图 3-24 所示。仿真过程中,闸瓦与制动盘之间的摩擦系数设为固定值,将摩擦副模型的工作模式设定为正压力与摩擦系数之间的正比关系。

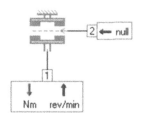

图 3-24 FR1R010 子模型

利用质量块、液压缸、弹性接触模型等共同组建恒减速制动系统中的盘式制动器,如图 3-25 所示。

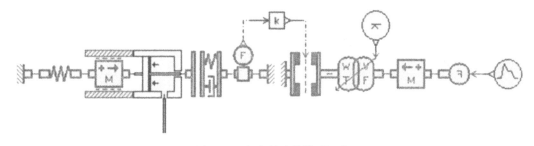

图 3-25 盘式制动器模型组建

综上分析,将几大功能部件共同组建后,得到恒减速制动系统的液压仿真模型如图 3-26 所示[75-76]。

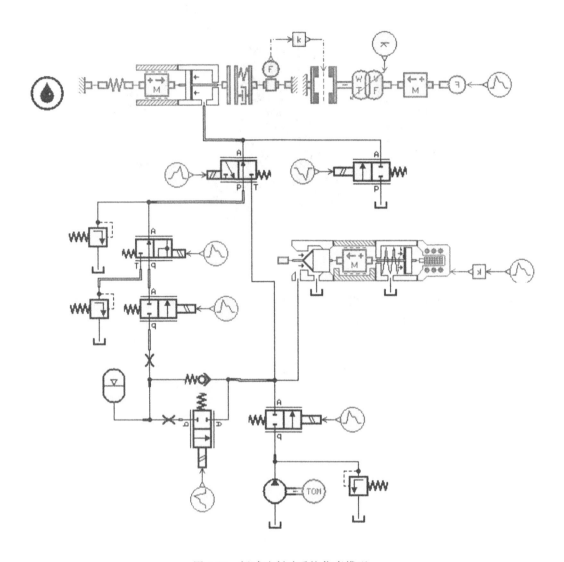

图 3-26　恒减速制动系统仿真模型

3.6.2　系统仿真结果分析

根据实际现场设置恒减速液压仿真模型的仿真参数,通过仿真结果对设计好的恒减速制动系统进行可行性分析。设定的参数如表 3-12 所示。

在设定的仿真参数下,对恒减速制动过程进行仿真分析。根据制动原理,提升系统在静止的工况下,制动力的大小为碟形弹簧的弹力与残压的压力之差;系统开始运行时,通过增大油压值,克服碟形弹簧的弹力而打开闸瓦实现启动运行;正常运行过程中,需要保留一定的闸瓦间隙,这对液压系统开闸、合闸过程的仿真十分必要;基于仿真结果,对油压、闸瓦间隙进一步优化控制,根据仿真结果判断恒减速制动控制的性能是否能满足相关规程要求,并提出改进方案。

表 3-12　恒减速制动液压系统仿真参数

参数	值	参数	值
闸瓦制动盘摩擦系数	0.39	箕斗载荷	100 kg
制动闸瓦形式	盘形闸(液压式)	制动盘有效中心距	0.15 m
提升机主动轮直径	0.3 m	闸瓦对数	2
工作油压	4.84 MPa	贴闸的油压	4.08 MPa

直动式比例溢流阀的控制信号变化曲线如图 3-27 所示,由随时间呈线性上升阶段、平稳阶段和下降阶段三段组成,分别模拟制动器的开闸、正常运行和合闸过程,由此对制动器制动液压缸中的压力变化进行仿真。

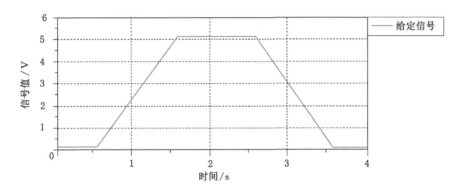

图 3-27　直动式比例溢流阀的控制信号

对直动式比例溢流阀施加控制信号后,制动器中的压力信号变化曲线如图 3-28 所示,其响应时间稍有滞后,大约滞后 0.07 s,系统满足响应要求。过程中受响应滞后的影响,制动器中的压力值会在接受响应时有一定的波动,分别为油压值升高和降低时。制动器中的压力值随控制信号的上升而升高,变化过程也近似为斜坡函数,具有良好的线性度与压力值的跟随性,系统满足提升机制动控制的快速性和平稳性要求。

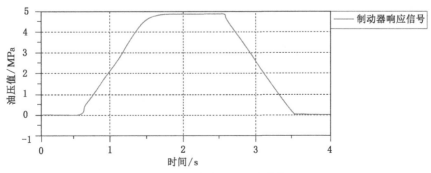

图 3-28　制动器的响应曲线

当油压值上升后,闸瓦也随之打开,对应的闸瓦间隙变化曲线如图 3-29 所示。随制动器中的油压值的上升,盘闸克服弹簧弹力逐渐呈打开的趋势,当油压值大于 4.08 MPa 时,油液压力大于弹簧弹力,此时盘式制动器为开闸动作。油压值达最大值时,闸瓦间隙继续增大,直至受力平衡时闸瓦间隙的值达最大,此时的间隙约为 1 mm,与理论计算中开闸油压和贴闸油压时的闸瓦间隙接近。仿真结果显示所建立的制动系统仿真模型能完成恒减速制动系统的性能要求。

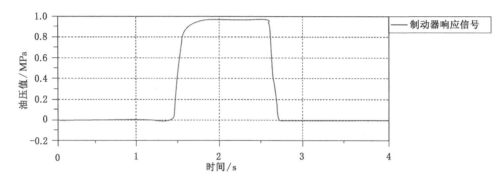

图 3-29　闸瓦间隙仿真曲线

蓄能器的压力变化如图 3-30 所示,结合闸瓦间隙的仿真曲线进行分析。当闸瓦完全打开时,蓄能器中的压力值达到最大值,并保持平稳状态。仿真过程中,蓄能器的初始压力为 0,因此变化过程中从 0 点开始上升,上升的时间与直动式比例溢流阀的控制信号吻合。当系统压力降低时,蓄能器的压力并未发生改变,可为系统补充动力源。

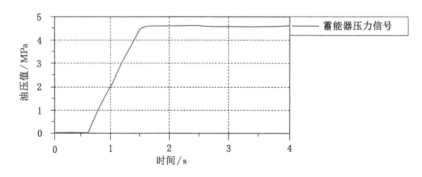

图 3-30　蓄能器压力仿真曲线

恒减速制动系统的控制宗旨为实时更新比例溢流阀的开度,从而实现变载荷、变工况下的恒定减速度的制动。仿真过程中,可设定不同的工况进行仿真分析,包括恒定制动油压下、不同提升载荷激励下对减速度运动的仿真;保持恒定制动减速度时,不同提升载荷激励对制动油压值的仿真,以多方面验证系统是否满足恒减速制动的控制要求。系统在匀速运行时,停止液压站供油,此时,蓄能器向系统供能,改变阀芯的工位和提升质量,实现相同制动力对应不同提升载荷时的减速度仿真,系统制动油压在空载、轻载及重载时的变化曲线如图 3-31 所示,对应不同载荷下的加速度如图 3-32 所示。仿真结果显示,加速度的大小随载荷和提升方向的变化而变化,大致会随提升载荷的增加而降低。由图 3-32 的仿真结果可知,加速度动态响应调节时间短,制动状态下加速度趋于水平线,提升载荷直接影响到加速度动态曲线的超调量,呈随着载荷的增大而减小趋势。因此,为全面验证提升机在变工况、变载荷时紧急制动过程中仍能保持恒减速制动运行,务必研究油压值随工况和载荷变化下实时更新调节,且保证响应速度。

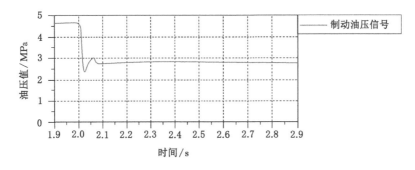

图 3-31　制动液压缸压力变化曲线

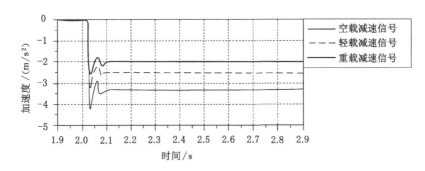

图 3-32　同一制动力矩不同载荷下的加速度变化曲线

图 3-33 所示为不同载荷下对应的速度变化曲线,图 3-34 表示不同载荷下相同加速度对应的油压值。

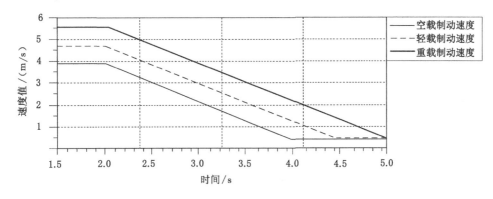

图 3-33　不同载荷下的速度变化曲线

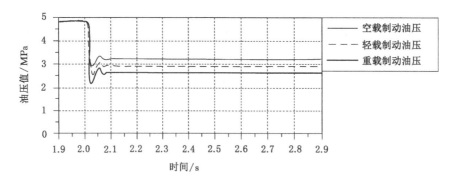

图 3-34　同一加速度对应不同载荷时的油压响应

由图 3-33 和图 3-34 可知,压力值可直接由比例溢流阀调节,当调整压力值时加速度也随之改变,从而适应各种变工况下的恒减速制动。在 3.2 节中分析了直动式比例溢流阀在调节过程中具有响应快速和特性曲线比较平稳的特性。为实现恒减速制动的控制,在后续的内容中将介绍闭环比例控制的实现方法,相比之下,模糊 PID 控制策略对实现恒减速制动控制有更好的优势。

3.7　恒减速系统典型减速度分析

根据经验分析,按常规 PID 控制器算法,比例 K_p 的范围为(30,70),积分环节 K_i 的范围取(0.4,3),微分环节 K_d 的范围取(0,2),通过反复实验后,最终确定 K_p、K_i、K_d 环节的稀疏分别取 50、0.4、0.5。《煤矿安全规程》规定,矿井提升运输的减速度应不小于 1.5 m/s²,且不大于 5 m/s²,为仿真各个加速度下的动态响应效果,选取 −1.5 m/s²、−3 m/s²、−5 m/s² 三个加速度等级的减速状态。

3.7.1　加速度为 −1.5 m/s² 的制动仿真

将系统加速度设定为 −1.5 m/s²,此时电动机正常运转,且将提升运行速度设置为 5.12 m/s,当时间值为 5 s 时开始紧急制动,系统启动恒减速制动,根据实验条件所设置的恒减速制动加速度的仿真结果如图 3-35 所示(图中,X、Y 分别表示当前的时间值与该时间下的响应值,下同)。

基于上述仿真参数的设置,当加速度为 −1.5 m/s² 时的速度变化如图 3-36 所示。由图 3-35、图 3-36 可知,恒减速制动模式的建立时间为 0.33 s,整个建立过程持续时间为 2.67 s。由仿真图中还可知,制动过程中的速度曲线变化波动较小,从仿真结果可以看出速度与加速度的变化效果与理想曲线接近。

3.7.2　加速度为 −3 m/s² 的制动仿真

将系统加速度设定为 −3 m/s²,此时电动机正常运转,且将提升运行速度设置为 5.12 m/s,当时间值为 5 s 时开始紧急制动,系统启动恒减速制动。根据实验条件所设置的恒减速制动加速

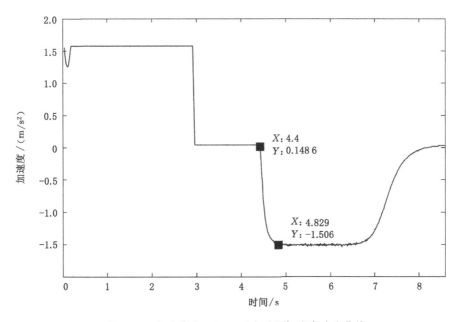

图 3-35　加速度为 −1.5 m/s² 时的加速度响应曲线

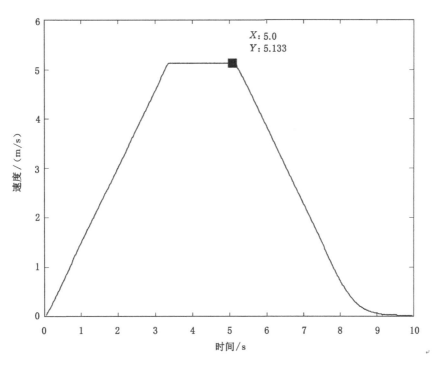

图 3-36　加速度为 −1.5 m/s² 时的速度响应曲线

度的仿真结果如图 3-37 所示。

　　按照上述仿真条件设置,可得 −3 m/s² 时的速度曲线如图 3-38 所示。由图 3-37、图 3-38 可知,恒减速制动模式的建立时间为 0.37 s,整个建立过程持续时间为 1.26 s。由仿真图中还可知,制动过程中的速度曲线变化波动较小,从仿真结果可以看出速度与加速度的变化效果与理想曲线接近。

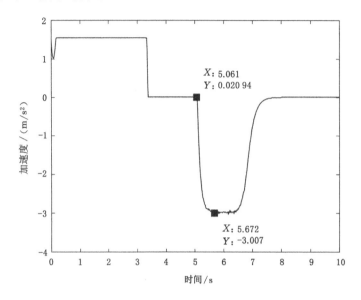

图 3-37　加速度为－3 m/s² 时的加速度响应曲线

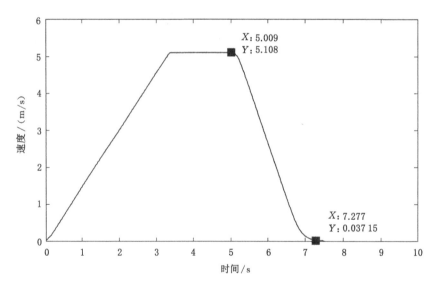

图 3-38　加速度为－3 m/s² 时的速度响应曲线

3.7.3　加速度为－5 m/s² 的制动仿真

将系统加速度设定为－5 m/s²,此时电动机正常运转,且将提升运行速度设置为 5.12 m/s,当时间值为 5 s 时开始紧急制动,系统启动恒减速制动。根据实验条件所设置的恒减速制动加速度的仿真结果如图 3-39 所示。

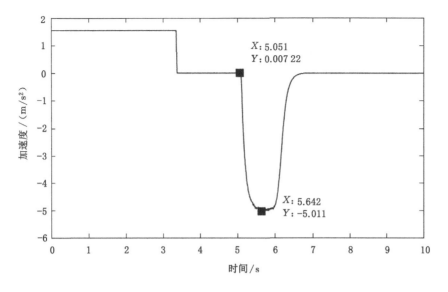

图 3-39　加速度为－5 m/s² 时的加速度响应曲线

　　按照上述仿真条件设置,可得－5 m/s² 时的速度曲线如图 3-40 所示。由图 3-39、图 3-40 可知,恒减速制动模式的建立时间为 0.46 s,整个建立过程持续时间为 0.54 s。由仿真图中还可知,制动过程中的速度曲线变化波动较小,从仿真结果可以看出速度与加速度的变化效果与理想曲线接近。

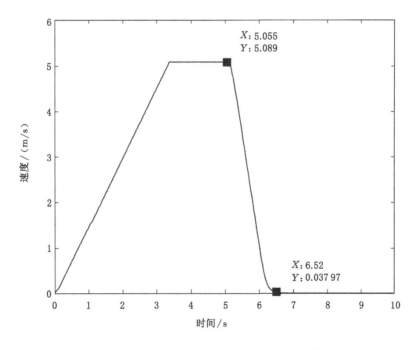

图 3-40　加速度为－5 m/s² 时的速度响应曲线

根据如上仿真结果,对三种加速度下的恒减速制动控制动态响应时间进行统计,如表 3-13 所示。由仿真结果统计表可知,三种加速度下的动态响应时间均小于 0.3 s,且整个恒减速制动过程的时间小于 0.8 s。

表 3-13　三种加速度下系统的动态响应时间统计

加速度	安全回路掉电点	开始响应点	响应曲线稳定点	恒减速恒减速制动时间
-1.5 m/s^2	$(5,0)$	$(5.08,0)$	$(5.41,-1.55)$	0.41 s
-3 m/s^2	$(5,0)$	$(5.08,0)$	$(5.45,-2.90)$	0.45 s
-5 m/s^2	$(5,0)$	$(5.09,0)$	$(5.50,-4.94)$	0.5 s

由表 3-13 可知,三种加速度的仿真结果表明恒减速制动的动态响应满足《煤矿安全规程》规定。将仿真结果与《煤矿安全规程》和《煤矿用 JTP 型提升绞车安全检验规范》(AQ 1033—2007)关于煤矿提升运输对恒减速制动系统速度变化的相关规定对比可知,电磁换向阀满足以下要求:

(1)恒减速制动控制系统中,当液压站为安全制动状态时,制动闸瓦到盘形闸的非制动时间小于 0.3 s。

(2)当提升系统工作在紧急制动状态时,系统从安全回路掉电开始到制动加速度稳定制动的时间小于 0.8 s。

3.8　本章小结

(1)根据提升机恒减速制动控制要求,阐述了恒减速制动系统的设计原则,结合实际应用背景完成了恒减速制动系统的结构设计,并对其工作原理进行了详细介绍。根据系统结构组成,计算并确定了相关技术参数,完成液压制动系统的详细设计,含液压元件选型及控制环节的设计。

(2)基于 AMESim 仿真软件,对核心阀体进行建模及仿真分析,仿真结果显示,直动式比例溢流阀具有良好的动态特性与调整平稳性,能满足恒减速制动的油压控制要求。

(3)结合实际制动系统中蓄能器、电磁换向阀等液压元件的结构及相关参数,分析了核心液压元件的相关原理,根据原理分析完成元件的力学建模,并在液压仿真软件中搭建了仿真模型。利用阶跃信号激励各液压元件对液压压力的动态响应特性,仿真结果表明,几个核心液压元件的性能满足《煤矿安全规程》和《煤矿用 JTP 型提升绞车安全检验规范》(AQ 1033—2007)关于煤矿提升运输安全的相关规定。

(4)结合盘式制动器及闸瓦之间的制动原理,完成盘式制动器的制动力学建模分析,结合实际参数,在液压仿真软件中完成仿真模型的搭建,主要仿真过程包括充油和泄油过程。仿真结果表明,盘式制动器的性能满足《煤矿安全规程》关于煤矿提升运输安全的相关规定,其工作过程不会影响到恒减速制动与恒力矩制动的切换,能保证系统的正常工作。

（5）实现恒减速制动系统液压回路的建模，通过建模仿真，得到恒减速制动实验系统在变工况模式下的制动性能仿真分析结果。由结果验证了开闸、合闸过程均可实现恒减速制动，且控制过程具有可操作性。

（6）在各元部件的仿真基础上，对整个恒减速制动过程进行液压仿真，根据仿真结果初步确定 PID 控制的范围，进一步根据仿真曲线不断优化各控制量。在设定好的 -1.5、-3、-5 三个加速度（m/s^2）仿真结果中可知，仿真结果满足《煤矿安全规程》和《煤矿用 JTP 型提升绞车安全检验规范》（AQ 1033—2007）中关于恒减速制动控制动态响应时间与控制性能的相关要求。

第4章 基于PLC的恒减速制动控制系统研究

4.1 系统控制方案

4.1.1 恒减速控制方法概述

恒减速制动控制按照运行阶段和运行工况可分为正常提升过程中的开车、停车控制,紧急制动时的恒减速和恒力矩制动控制及系统运行过程的状态实时监测,其中恒减速制动控制功能是整个系统的核心部分。恒减速制动控制涉及实现提升系统正常制动状态下的恒减速制动和紧急情况下的恒减速制动,控制过程中需实时获取减速度的大小,并通过计算获得减速度的大小,将减速度的值与给定值进行比较,比较后得到的差值输入模糊PID控制器进行计算获取对应的直动式比例溢流阀的调节电压,通过改变溢流阀的开度,实现制动系统的油压调节,从而改变制动闸瓦与制动盘之间的制动正压力,由制动力矩保障系统在不同工况下的恒减速制动直至停车。以闭环反馈控制系统控制恒减速制动控制系统如图4-1所示。

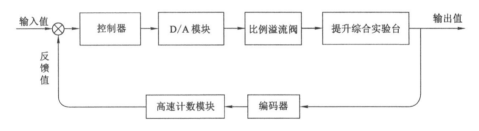

图 4-1 恒减速制动控制框图

根据控制系统框图,通过在提升系统主轴上安装编码器获取主轴的旋转脉冲信号,以测得提升机的运行速度。控制过程中主要由提升机的启停信号、电磁阀的电压信号和液压系统运行状态信号作系统控制的逻辑触发信号,且将这些触发信号以数字信号的形式输入系统。提升系统速度值、油压信号、温度信号及油箱中的液位信号以模拟量的形式输入系统。目前,常用的恒减速制动控制器主要分为 ABB 公司自行研制的嵌入式控制板 BBC-1 和工业通用的 PLC 两类控制。ABB 研发的控制并非开源系统,无法实现二次开发,因此,从成本及实用性方面考虑,基于 PLC 的恒减速制动控制应用较为广泛。

PLC 控制器起源于传统逻辑接触控制器,代替了传统控制中的逻辑接触器,相比传统的逻辑控制方法,PLC 大大提高了控制的稳定性可可靠性,并为系统增添了模拟量控制和数字量控制。控制过程中可实现模拟量与数字量之间的相互转换,信号输入/输出环节均增添了滤波与光耦隔离,控制器具有较强的抗干扰能力。编程过程中,可在编程器中完成信号类型、量程及信号极性的设置,主要包含以下几类数据转换设置:

(1) 电压信号、电流信号之间的转换;

(2) ±5 V、±10 V、0～20 mA、4～20 mA 量程之间的转换;

(3) 单极、双极之间的转换。

随控制需求的不断增加,PLC 不仅在计算能力得到提高,还在复杂控制算法的实现方面也得到进一步完善,在恒减速制动过程中可实现控制策略的编程要求,因此,选用 PLC 控制器作为控制核心,在闭环反馈控制中融入适合的控制策略,进一步完成恒减速制动控制的系统设计。

4.1.2　控制方案的确定

由恒减速制动控制的要求,根据选定的控制方式,将系统的控制方案确定为如图 4-2 所示的结构,主要包括恒减速制动电控柜、信号采集器、信号传输、供电、控制阀等功能部件。

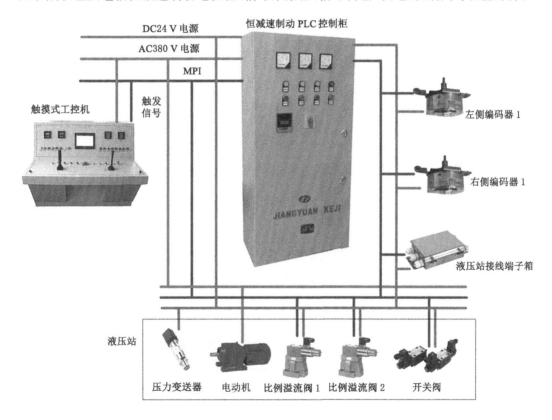

图 4-2　恒减速制动控制硬件方案

系统性能好坏的关键为控制系统,根据图 4-1,将恒减速制动控制硬件方案的核心控制环节设计为以模糊 PID 作为系统的控制算法,如图 4-3 所示,在人机界面中设定减速度的值,系统的监测数据通过信号线传输至人机监控界面。在 PLC 控制器中实现模糊 PID 控制算法,由直动式比例溢流阀的开度调节制动器的制动力矩,通过调节制动力矩来调节提升机的运行速度,通过编码器提取运行速度传输至 PLC 中的比较器,并进行比例、积分、微分计算,其比例、积分、微分的值由模糊 PID 计算获取。模糊 PID 控制器还包括方向阀的控制,即开度大小的控制。模糊 PID 的设计将在书中的后续内容中详细介绍,当系统进入恒减速制动时,由 PLC 自动调用恒减速制动子程序。

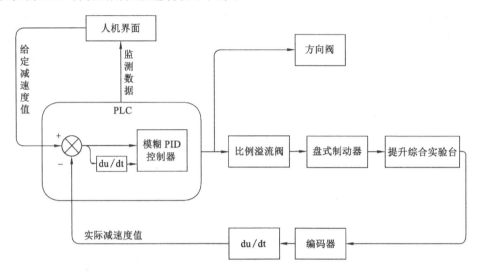

图 4-3 恒减速制动核心控制环节

4.2 控制系统硬件研究

4.2.1 PLC 的特殊功能模块设置

根据恒减速制动控制的需求,控制系统中输入输出的参数如表 4-1 所示,分别包括安全回路短路信号输入、阀体控制数字量输出、油压压力模拟量输入、溢流阀控制电压模拟量输出等。因为需要将编码器获取的脉冲信号通过 PLC 的高数计数器端口输入,所以,选择 PLC 时应满足可高速计数的要求,并对各个通道留有一定余量。

表 4-1 控制系统输入、输出参数统计

信号类型	数量/个	信号类型	数量/个	信号类型	数量/个	信号类型	数量/个
数字输入	18	数字输出	13	模拟量输入	4	模拟量输出	2

根据控制要求,选择 S7-300 系列型号为 CPU313C 型的 PLC,其输入输出参数如表 4-2 所示,包括 24 个数字量输入、16 个数字量输出、5 个模拟量输入和 2 个模拟量输出,同时考虑成本与余量需求,该款 PLC 满足输入输出要求,同时还包含 3 通道的高数脉冲计数器,计

数最大频率为 30 kHz,满足速度采集要求,可不用单独增设模块。PLC 的模块组成如图 4-4
所示。

表 4-2　CPU313C 型 PLC 输入、输出参数统计

信号类型	数量/个	信号类型	数量/个	信号类型	数量/个	信号类型	数量/个
数字输入	24	数字输出	16	模拟量输入	5	模拟量输出	2

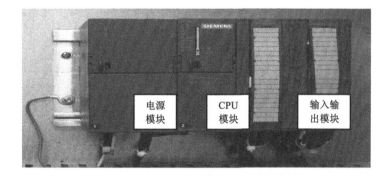

图 4-4　PLC 模块组成

S7-300 系列 PLC 具有高可靠性,最快处理时间可达 0.01 μs,CPU313C 型包含的模拟
量输入通道可实时将电压、电流信号转换为数字信号,以供 CPU 实现数据处理。其中包含
电流/电压输入通道 4 个和电阻输入通道 1 个。为保障远距离传输,油压传感器和比例溢流
阀均选用电流型输出,可根据传感器的类型在 PLC 中设置采集模式,如图 4-5 所示为通道
中数据采集模式的设置。程序设计过程中,为降低程序执行的时间,将未用到的通道
禁止[77-78]。

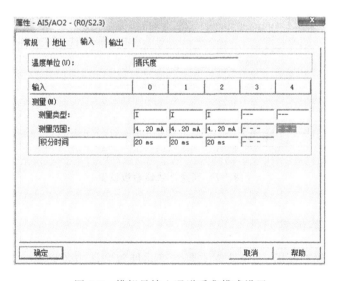

图 4-5　模拟量输入通道采集模式设置

CPU313C 型 PLC 中,模拟量输入模块与输出模块为反相结构,恒减速制动控制中两个模拟量输出通道分别控制两个比例溢流阀的开度,其通道设置情况如图 4-6 所示。

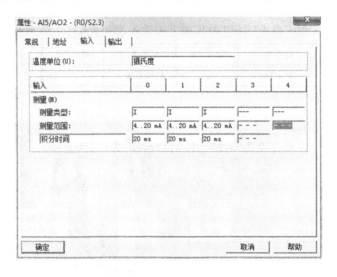

图 4-6　模拟量输出通道模式设置

CPU313C 型 PLC 中可通过编程软件对高速计数器进行设置,本书采用编码器采集脉冲信号,参数设置如图 4-7 所示,将模式设置为频率计数,采集通道上限为 3 组。

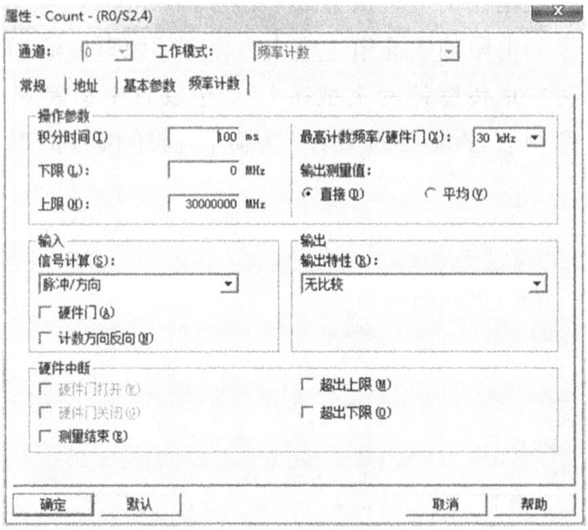

图 4-7　高速计数器参数设置

4.2.2　系统的主要传感元件

根据恒减速制动控制需求,系统的主要传感元件包含压力传感器、测速传感器,测速传感器的种类较多,本书主要介绍测速传感器的原理特点及选型。目前,获取速度的传感器有霍尔式传感器、测速电机、光电编码器等。考虑到安装及系统的稳定性,可选用测速发电机、霍尔元件和光电编码器作为矿井提升机的测速传感器。

测速发电机的原理为将速度信号转换为测速电机的电压信号,类似于一个电动机,速度值越大、表明电量越大,转换的电信号也越大。其输出信号为模拟量值,经电压与速度的转换关系获取速度值。该测速方法需经过模拟量与数字量的转换,测速过程中存在一定的滞后性,且精度不高。

霍尔元件测速的方法是利用霍尔开关将速度信号转换为脉冲信号,但受传感器的结构限制,其测速分辨率较低,从而影响了速度精度。

光电编码器测速过程中将速度信号通过光电编码器转换为序列脉冲信号,相比霍尔测速的方法从根本上解决了分辨率不高的问题。将检测到的脉冲信号通过一定的方式进行转换,进一步计算获取被测对象的速度值。

根据恒减速制动控制对采集速度与采集精度的要求,利用光电编码器获取旋转脉冲信号,进一步获得速度。光电编码器的主要技术参数包含分辨率(旋转一周得到的脉冲数量,脉冲数越多,证明可分辨的角度越小,即分辨率越高)、供电电压和信号输出形式(分为单项和差分两种方式)。单相输出仅对旋转量进行计数,没法获取被测对象的旋转方向。差分输出不仅可获取被测对象的转速值,还可根据信号的正负值得到对象的转向,若规定输出信号为正值时速度值为正,则输出为负值时转向为相反方向。光电编码器的基本结构及原理如图 4-8 所示

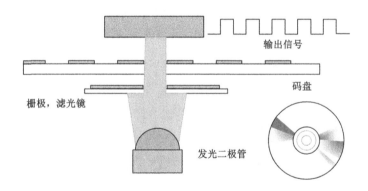

图 4-8　光电编码器的结构原理

按照编码器的工作原理及提升机制动器速度检测的需求,结合增量式编码器在结构、性能、信号的稳定性及抗干扰方面的优势,将其选为提升机速度检测传感器,此外增量式编码器还有信号可远距离传输的优点,可满足传感信号的合理布局。增量式编码器的输出信号包含 A、B、C 三相,以 A、B 两相的相位差(或相序的顺序)判断编码器的旋转方向,C 相作为旋转圈数的判定值,每旋转一圈获得一个脉冲,可看作定位基点。

根据控制要求,综合考虑成本与控制精度,选取德国瑞士通增量式编码器,型号为RHI90N,供电电压为 10～30 V,脉冲数量与旋转圈数之间的关系为 2 500 个/圈,即 0.000 4圈/脉冲,控制精度满足要求。光电编码器的现场安装如图 4-9 所示。

图 4-9 编码器现场安装图

4.2.3 控制系统电路设计

恒减速制动控制电路主要包含主供电回路、控制电源回路与信号回路,其中主供电回路主要用于泵站与控制柜的供电。为保障系统的可靠性,在主供电回路与主电源之间接入 UPS 备用电源,避免主电源掉电对系统造成影响,保障提升系统的紧急停车。信号回路主要包含电磁阀、传感元件及编码器与 PLC 之间的输入输出,系统的现场接线如图 4-10 所示。

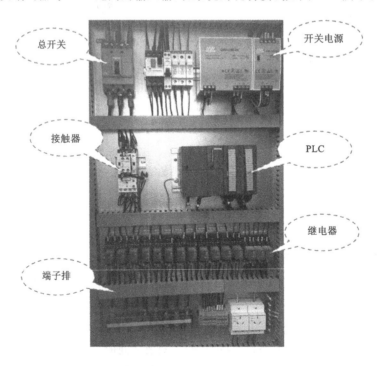

图 4-10 系统现场接线图

　　为降低电磁干扰,提高信号检测与传输的精度,电路设计过程需排除或减弱电气干扰,结合控制现场中电气回路的特点,对电路采取如下抗干扰措施[79]:

　　(1)为降低强电对弱点信号线的干扰,从空间布局考虑,将强电和弱电隔开,即将现场的 PLC 控制柜与动力柜在空间上保持一定的距离,首先从空间上减弱电磁干扰;此外,布线过程中将强、弱电缆分开隔离布置,阻断强电对弱电的干扰。

　　(2)信号屏蔽。为降低电磁信号的干扰影响,对控制回路采取多层屏蔽措施,其中,采用带屏蔽层的标准电缆线作为信号线,以单点接地的形式将屏蔽层接地,从传输线中屏蔽外界电磁干扰。

4.3　控制系统软件设计

4.3.1　软件主体结构

　　控制系统中,由 PLC 完成所需要的逻辑控制、基本的数学计算和 PID 计算,程序的结构包括主程序、初始化程序、正常工作制动与紧急制动程度、恒减速制动控制子程序、二级制动子程序、速度获取子程序、故障判断的中断程序以及数字量和模拟量的输入输出控制程序。根据控制逻辑,由主程序实时响应外部请求中断,从而调用对应的功能子程序模块。未被请求的中断程序则不参与扫描,也不参与执行,由此减少 PLC 的无效扫描,从而释放 CPU 的资源,提高系统的响应时间。程序的主体结构如图 4-11 所示。

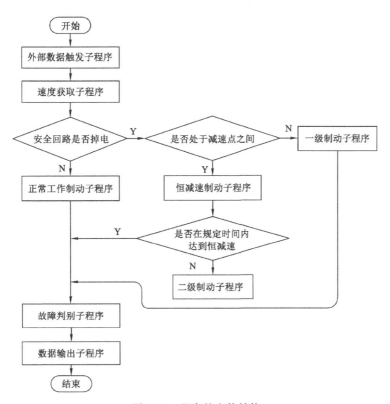

图 4-11　程序的主体结构

首先对程序数据进行初始化,清空寄存器及控制标志位,使系统恢复初始状态。初始化完成后系统开始扫描外部触发信号,若有外部数据中断请求信号,则将各开关量反馈到参数预设值中,并读取油压值与编码器的旋转脉冲信号。

PLC程序中包含主程序和中断子程序,主程序主要用于恒减速系统的编码信息、传感器、阀体监控、溢流阀控制、恒减速等子程序的循环扫描;中断程序包括开闸、帖闸信号的判断程序和速度及减速度的计算程序,通过设定定时器中断,每到定时时间执行一次中断子程序。其主要结构如图4-12所示。

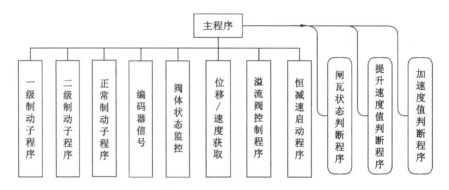

图 4-12   程序整体框架

(1)速度获取子程序:将编码器的脉冲信号输入至PLC的高速计数器端口,实时采集并存储脉冲信号,通过辨别脉冲信号的数量特征和频率特征及相序属性判断提升机的提升高度、提升速度及加速度等运动属性。其脉冲数量、脉冲频率、相序分别对应提升机的提升位置、速度及正反。

(2)正常工作过程中的制动子程序:采集控制系统根据提升机的启停信号,控制液压站的工作状态,从而控制闸瓦开闸或者贴闸。

(3)恒减速制动子程序:该程序包含了恒减速制动控制的核心算法,通过提升机的安全回路掉电信号触发该程序启动,当PLC有响应中断信号的权限,且接收到触发信号请求时,程序自动切换至恒减速制动。通过实时对比采集加速度值与给定值之间的误差及误差波动,采用模糊PID控制算法实时获取溢流阀控制电压的大小。

(4)二级制动:以子程序形式实现二级制动,当系统检测到停车信号时,首先向电磁阀发出信号,将电磁阀的工位变换,此时系统的压力变为二级制动力;若检测到编码器脉冲频率为0,即此时提升机已完全处于停车状态,则将全部制动力矩施加在制动盘上。

(5)一级制动:在一级制动子程序中,将电磁阀处的阀芯调节为油压为0时对应的位置,以制动力将提升机制动停车。

(6)故障判别子程序:系统运行过程中,实时采集油压站工作状态、压力传感器和编码器的奇异值,并由此判别是否存在故障,进一步进行故障分类。

(7)数据输出子程序:实时显示制动系统的工作状态,同时将系统运算后的状态信息保存到外部寄存器。程序中对各数据块进行命名,建立程序所需数据库如表4-3所示。

表 4-3　程序数据库信息

数据名称	数据类型	地址偏移量	数据注释
Plus_Per_R	Real	0	光电编码器线数
D_Drum	Real	4	卷筒直径
Pressure0	Real	8	贴闸压力
Pressure_Given	Array[1..4] of Real	12	计算给定的油压值
i	Int	28	恒减速调整的次数
A	Real	30	液压缸有效面积
B	Real	34	闸瓦摩擦系数
N	Real	38	闸盘对数
k	Array[0..1] of Real	42	矿井阻力系数
m	Real	50	变位质量
Density	Array[0..1] of Real	54	钢丝绳密度(kg/m)
H	Real	62	井深
Acceleration_0	Real	66	给定加速度值
MEAS_VAL	DInt	70	当前的计数频率
COUNTVAL	DInt	74	当前的计数累计值
Position_Base	Real	78	位置基准
Pressure_Realtime	Real	82	实时油压
Position_Realtime	Real	86	实时位置
Speed_Realtime	Real	90	实时速度
acceleration	Real	94	当前加速度
G1_Power	Byte	98	G1 得电标志位
G2_Power	Byte	99	G2 得电标志位
G3_Power	Int	100	G3 得电标志位
G4_Power	Int	102	G4 得电标志位
Pressure_OUT	Real	104	给定的油压信号
Open_G2	Bool	108	手动打开 G2
Open_G4	Bool	108.1	手动打开 G4
Electricity _Failure	Bool	108.2	电源故障
Error_PZ	Word	110	盘闸传感器错误信息
Error_xnq	Word	112	蓄能器传感器错误信息
Error_fzxnq	Word	114	辅助蓄能器传感器信息
Error_zylf	Word	116	主溢流阀输出错误信息
Error_byylf	Word	118	备用溢流阀输出信息
Info_power	Word	120	电源及阀的电源信息
Static_Pressure	Array[1..3] of Real	122	为计算保存的油压
Static_Accelerate	Array[1..3] of Real	134	为计算保存的加速度

表 4-3(续)

数据名称	数据类型	地址偏移量	数据注释
Static_x	Array[0..4] of Real	146	为计算保存的位移
Static_Δa	Array[1..4] of Real	166	保存的加速度误差
Stack_Speed	Array[1..10] of Real	182	速度堆栈

其中主程序中的部分扫描程序如下：

程序段 1：

```
      FC2
    "传感器"
 EN        ENO
```

程序段 2：

```
        FC3
     "溢流阀控制"
 EN           ENO
```

程序段 3：

```
       FC4
    "阀状态监控"
 EN          ENO
```

程序段 4：

```
       FC5
    "恒减速启动"
 EN          ENO
```

程序段 5：

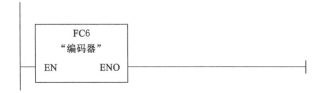

```
      FC6
    "编码器"
 EN        ENO
```

利用组织块 OB33 实现定时中断子程序的编写，并在 OB 模块中设定采样时间，实现恒减速控制过程的编程控制。详细程序结构如下：

```
IF "sjk".Speed_Realtime < 0.1 OR "G2"=FALSE THEN
    RETURN;
END_IF;
#P0 := "sjk".Pressure0;//贴闸压力
#A := "sjk".A;//液压缸面积
#B := "sjk".B;//摩擦系数
#N := "sjk".N;//盘闸对数
#H := "sjk".H;//井深
#a0 := "sjk".Acceleration_0;//设定加速度
#x_r := "sjk".Position_Realtime;//当前位置
#Pressure_Realtime := "sjk".Pressure_Realtime;//实时压力
#m := "sjk".m;//变位质量
#accelerate := "sjk".acceleration;//加速度的实际值
IF "sjk".i = 1 THEN
    "sjk".Static_x[1] := #x_r;//当前位置
    "sjk".Static_Pressure[1] := #Pressure_Realtime;//实时压力
    "sjk".Static_Accelerate[1] := #accelerate;//实时加速度
    "sjk".Static_Δa[1] := #a0 - (-1) * #accelerate;//当前加速度偏差
    IF ("sjk".Static_x[0] - "sjk".Static_x[1]) <= 0 THEN
        #q := "sjk".Density[0];
    ELSE
        #q := "sjk".Density[1];
    END_IF;
    IF #accelerate >= 0 THEN
        #k := "sjk".k[1];
    ELSE
    IF(#m * #accelerate-(#P0-#Pressure_Realtime)*2*#A*#B*#N-#q*(#H-2*#x_r))
>0 THEN
            #k := "sjk".k[0];
        ELSE
            #k := "sjk".k[1];
        END_IF;
    END_IF;
    #Quality := (#m * (-1) * #accelerate - (#P0 - #Pressure_Realtime) * 2 * #A * #B
* #N - #q*(#H - 2 * #x_r))/(#k * 9.8 + #accelerate);
    #Pressure := #P0 + (#k * 9.8 * #Quality + #q * (#H - 2 * #x_r) - (#m + #Quali-
ty) * #a0)/(2 * #A * #B * #N));
    "sjk".Pressure_Given[2] := #Pressure;
END_IF;
IF "sjk".i = 2 THEN
```

```
"sjk".Static_x[2] := #x_r;//当前位置
"sjk".Static_Pressure[2] := #Pressure_Realtime;
"sjk".Static_Accelerate[2] := #accelerate;
"sjk".Static_Δa[2] := #a0 − (−1) * #accelerate;
IF "sjk".Static_Δa[2] > "sjk".Static_Δa[1] THEN
    "加速度发散报警" := 1;
END_IF;
    #Y[1] := #q / (#A * #B * #N);
    #Z[1] := (#Y[1] * ("sjk".Static_x[2] − "sjk".Static_x[1]) + ("sjk".Static_Pressure
[2] − "sjk".Static_Pressure[1])) / ("sjk".Static_Accelerate[2] − "sjk".Static_Accelerate[1]);
    #X[1] := #Z[1] * (−1) * "sjk".Static_Accelerate[1] + #Y[1] * "sjk".Static_x[1] +
"sjk".Static_Pressure[1];
    #Pressure := #X[1] − #Y[1] * "sjk".Static_x[2] − #Z[1] * #a0;
    "sjk".Pressure_Given[3] := #Pressure;
END_IF;
IF "sjk".i = 3 THEN
    "sjk".Static_x[3] := #x_r;//当前位置
    "sjk".Static_Pressure[3] := #Pressure_Realtime;//实时压力
    "sjk".Static_Accelerate[3] := #accelerate;//实时加速度
    "sjk".Static_Δa[3] := #a0 − (−1) * #accelerate;
    IF "sjk".Static_Δa[3] > "sjk".Static_Δa[2] THEN//可以不加
        "加速度发散报警" := 1;
    END_IF;
    #Y[2] := ("sjk".Static_Pressure[1] − "sjk".Static_Pressure[2]) * ("sjk".Static_
Accelerate[3] − "sjk".Static_Accelerate[1]) − ("sjk".Static_Pressure[1] − "sjk".Static_Pressure
[3]) * ("sjk".Static_Accelerate[2] − "sjk".Static_Accelerate[1]);
    #Y[2] := #Y[2] / (("sjk".Static_x[1] − "sjk".Static_x[3]) * ("sjk".Static_Accel-
erate[2] − "sjk".Static_Accelerate[1]) − ("sjk".Static_x[1] − "sjk".Static_x[2]) * ("sjk".
Static_Accelerate[3] − "sjk".Static_Accelerate[1]));
    #Z[2] := (#Y[2] * ("sjk".Static_x[1] − "sjk".Static_x[3]) + "sjk".Static_Pressure
[1] − "sjk".Static_Pressure[3]) / ("sjk".Static_Accelerate[3] − "sjk".Static_Accelerate[1]);
    #X[2] := #Z[2] * "sjk".Static_Accelerate[2] + #Y[2] * "sjk".Static_x[2] + "
sjk".Static_Pressure[2];
    #Pressure := #X[2] − #Y[2] * "sjk".Static_x[3] − #Z[2] * #a0;
    "sjk".Pressure_Given[4] := #Pressure;
END_IF;
IF "sjk".i>3 THEN

END_IF
```

```
"sjk".Pressure_OUT := #Pressure;
"sjk".i := "sjk".i + 1;
#sumxiyi := 0;
#sumyi := 0;
#Temp_1 := 0;


FOR #counter := 1 TO 10 BY 1 DO
    // Statement section FOR
    #sumxiyi := #sumxiyi + #counter * 0.01 * "sjk".Stack_Speed[#counter];
    #sumyi := #sumyi + "sjk".Stack_Speed[#counter];
    #Temp_1 := #Temp_1 + (#counter * 0.01) ** 2;
END_FOR;


"sjk".acceleration := (10 * #sumxiyi − #sumxi * #sumyi) / (10 * #sumxixi − #sumxisumxi);
```

在 OB35 中,通过编程,10 ms 采集一次速度的实时值,压入一个 10 层的堆栈,为采用最小二乘法计算加速度值做准备,具体程序如下:

```
FOR #COUNT := 1 TO 9 DO
    // Statement section FOR
    "sjk".Stack_Speed[#COUNT] := "sjk".Stack_Speed[#COUNT+1];
END_FOR;


"sjk".Stack_Speed[10] := "sjk".Speed_Realtime;
```

4.3.2　主功能子程序的调用

（1）如图 4-13 所示为恒减速制动子程序流程图。恒减速制动子程序直接关乎实验效果及制动状态下的安全效果。首先,根据加速度的计算公式,将每个扫描周期计算得到的速度值进行差值计算,并将每个差值除以扫描周期,所得即为提升机的减速度值。通过同样的算法,将当前扫描周期内的减速度值与下一周期减速度值计算差值后再除以扫描周期,即得到减速度的变化率。由模糊规则表查询获取减速度和减速度变化率对应的 PID 修正量,在线修正 PID 的 ΔK_p、ΔK_i、ΔK_d 三个参数,进一步通过 PID 运算得到控制电压增量值,通过控制溢流阀开度大小调节系统的油压值,阀芯开度与控制电压呈线性关系。

（2）如图 4-14 所示,为传统恒力矩制动的子程序流程图,相比之下,较恒减速制动子程序简单很多。由于二级制动压力已事先设定,控制过程中只需实时监测油压值的大小,因而控制电磁换向阀的开度即可。

（3）传感器处理子程序在 FC2 中实现,具体详细的编程,包括对盘闸压力、蓄能器、辅助蓄能器几个传感器的电信号转换。

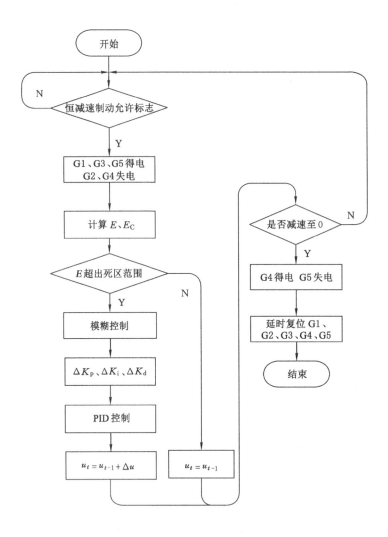

图 4-13 恒减速制动子程序流程

程序段 1：

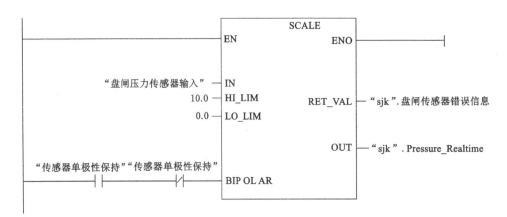

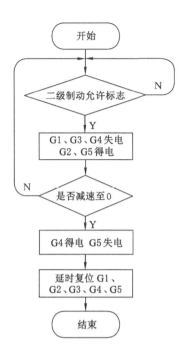

图 4-14　传统恒力矩制动子程序流程

程序段 2：

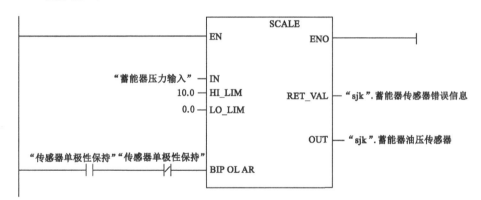

程序段 3：

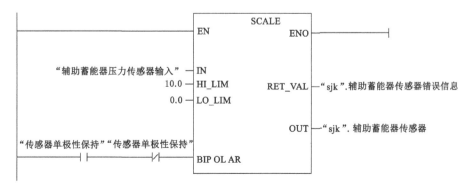

（4）主程序中的程序段 2 为溢流阀控制程序，并命名为 FC3，包括安全回路掉电、停车信号被触发时对油压输出值的设定，并通过调节溢流阀实现对应功能。

程序段 1：

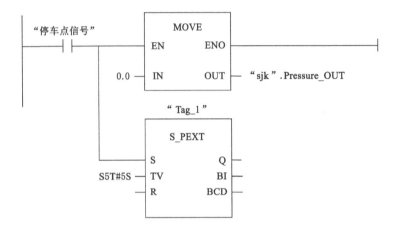

程序段 2：

程序段 3：

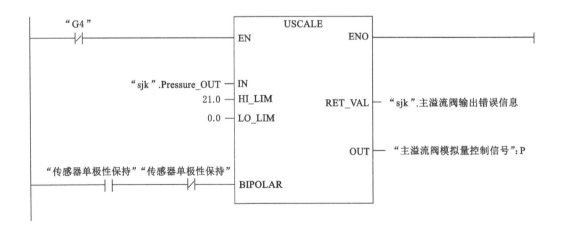

程序段 4：

程序段 5：

程序段 6：

程序段 7：

程序段 8：

程序段 9：

（5）程序段 FC5 为恒减速启动的子程序，通过判断安全回路的状态信号与"Electricity _Failure"信号之间的关系，判定何时启动恒力矩，何时启动恒减速，具体程序逻辑如下。

程序段 1：

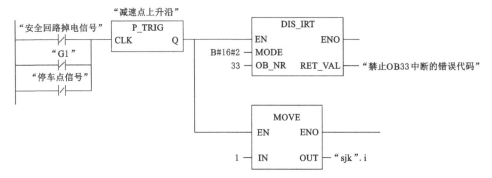

程序段 2：

程序段 3：

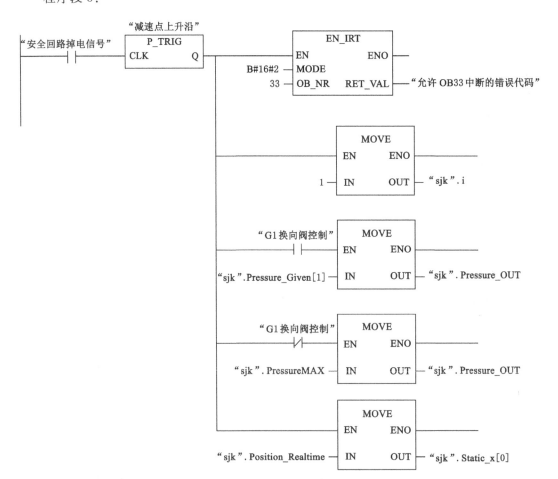

（6）程序段 FC6 为速度检测子程序,利用编码器实现速度检测,具体程序如下。

程序段 1：

程序段 2：

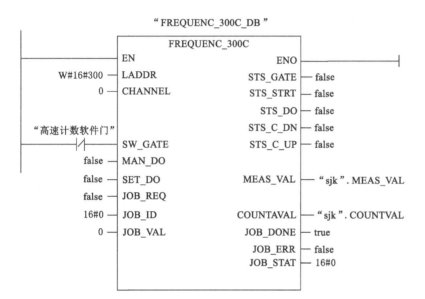

程序段 3：

FC1
"位移 / 速度计算"
EN　　　ENO

子程序 FC1://跳转到程序 FC1 中,在该子程序中实现位移和速度之间的转换,其程序如下：

#Perimeter := 3.14159 * "sjk".D_Drum;//求提升机卷筒的周长

#R_Total := DINT_TO_REAL("sjk".COUNTVAL) / "sjk".Plus_Per_R;//求提升机卷筒转过的总的圈数

#R_Per_Second := DINT_TO_REAL("sjk".MEAS_VAL) /"sjk".Plus_Per_R;//求提升机每秒转过的圈数（瞬时值）

"sjk".Position_Realtime := #R_Total * #Perimeter＋"sjk".Position_Base;//求实时位置

"sjk".Speed_Realtime := #R_Per_Second * #Perimeter;//求实时速度

4.3.3　上位机及人机交互界面

在上位机中实现恒减速制动系统的参数设置、运行状态的实时显示及相关控制功能,从而达到人机交互的目的。通过 VCC、力控等组态软件的编程实现恒减速控制的人机交互,界面包括信号指示灯、油压、闸瓦间隙的实时采集动画以及相关文字表达等,以数值方式实现恒减速制动控制的运行状态实时监测。通过输入控件将参数和操控指令输入 PLC 的数据模块,从而实现整个系统的交互性操控[80-81]。

可选的上位机有工控机和触摸屏两类,工控机在工业领域中的应用较广泛,功能强大,稳定性高,可用于实时检测制动数据及恒减速的相关参数设置,同时进行数据采集和数据查询,以及进一步的数据处理和分析。触摸屏在存储空间和编程灵活性方面比较受限,一般用于现场调试,且需要专用的组态软件。

从功能要求及成本方面考虑,选用华硕 PPC-8150-Ri3AE 型平板电脑作为上位机,可进行相应的组态编程及二次开发。利用西门子自带的编程组态软件 SIMATIC WinCC 作为上位机的界面编程。WinCC 采用模块化的形式进行编程,包含过程归档、图形编辑、报警用户管理器、记录、通信、报表等核心模块。

根据控制要求,设计恒减速制动控制系统的人机交互界面如图 4-15 所示,其参数设置界面如图 4-16 所示。主界面中包括提升速度、减速度、系统油压等参数的实时显示,此外还包括系统运行状态、安全回路是否掉电、系统的工作模式及比例阀的工作状况等状态显示。在主界面中增设提升容器的位置显示,通过位置显示实时观测提升容器的提升位置。参数设置界面将系统所需参数直接传输到控制系统,这些参数包括提升系统卷筒尺寸、井深、模糊 PID 参数及减速度。在历史记录功能中将系统的速度、减速度及制动压力实时在存储器中记录下来。

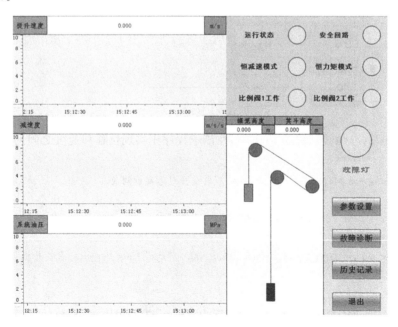

图 4-15　恒减速制动控制人机交互界面

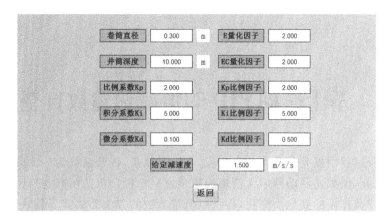

图 4-16　恒减速制动控制参数设置界面

4.4　本章小结

（1）从液压制动工作原理出发，根据制动要求，设计了恒减速制动的控制方案。基于 PLC 控制，根据控制需求，通过对泵站装置、比例溢流阀、换向阀等液压元器件的控制，实现提升机的正常运行、紧急制动状态下恒减速和恒力矩制动等功能。

（2）根据制动系统的控制，完成恒减速制动控制系统的硬件配置，并介绍了软硬件的设计和人机交互界面需求。

（3）结合实际布线场景，基于电气抗干扰原则，实现强电、弱点之间的隔离，保障电气控制信号的准确性。

（4）结合制动过程和制动机理，在 PLC 中实现了主要功能程序框架，采用中断子程序的方式，以中断请求作为触发信号，完成了 PLC 程序设计。

第5章 基于模糊 PID 的恒减速参数自整定研究

提升机运行过程中提升载荷为一个变值,且工况复杂,提升系统为一个典型的复杂时变非线性系统,因此,恒减速制动控制无精确的数学模型。提升机的恒减速控制参数随着复杂的工况和冲击载荷作用的变化而变化,传统以恒定参数的方法无法实现恒减速制动的需求,需引入智能控制方法,将智能控制算法用于恒减速控制中的参数整定。

5.1 恒减速控制策略概述

5.1.1 传统 PID 控制策略

PID 控制算法在目前的工业控制领域,具有应用较广泛、算法容易实现、泛化能力强及可靠性较强的优点,在算法设计过程中不需建立精确的数学模型,可由工人根据经验或者现场调试获得最佳的 PID 控制参数。随控制需求的不断提高,智能控制领域得到蓬勃发展,普通的 PID 控制已无法满足智能控制要求[82]。

恒减速制动的减速度值为 PID 控制器的输入值,将减速度值与系统的反馈值进行比较,利用 PID 对偏差值进行计算并将结果作为被控量,计算所得的结果为数字量信号,经模拟量变换后输出到比例阀。控制结构如图 5-1 所示[其中,$r(t)$ 为控制系统给定量,$e(t)$ 为反馈偏差]。

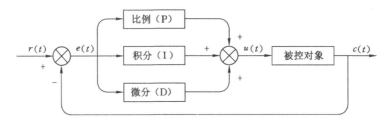

图 5-1 传统 PID 控制结构

其中比例、积分、微分控制器表达式为式(5-1)。

$$u(t) = K_p \left[e(t) + \frac{1}{T_i} \int_0^t e(t) \mathrm{d}t + \frac{T_d \mathrm{d}e(t)}{\mathrm{d}t} \right] \tag{5-1}$$

对应的传递函数表达式为式(5-2)。

$$G(s) = \frac{u(s)}{e(s)} = K_p \left(1 + \frac{1}{T_i s} + T_d s \right) \tag{5-2}$$

式中　K_p——比例环节系数；

　　　　T_i——积分环节的时间值；

　　　　T_d——微分环节的时间值；

　　　　$u(t)$——PID 控制算法的时域输出信号；

　　　　$u(s)$——PID 控制算法的频域输出信号；

　　　　$e(s)$——系统偏差的频域输出信号；

　　　　$G(s)$——PID 控制算法的传递函数；

　　　　s——复频率$(s=\sigma+\mathrm{j}\omega)$。

PID 控制器中比例环节对应快速响应特性,积分环节对应精度控制,微分环节对应预测功能,三者的详细计算功能分别如下:

(1) 比例环节(P):对应系统动态响应特性。比例环节与系统的响应实时同步,当系统出现偏差时,比例环节无滞后地跟随系统变化,由此提高系统响应的实时性;比例系数越大,则控制性能也越强,系统响应性能越高,由此,从过渡到稳态的时间也越少。但是,比例环节过大,容易引起系统出现超调,此外还会使系统出现强烈的振荡。因此,针对系统的动态响应要求实时更新比例环节的值尤为重要。

(2) 积分环节(I):PID 控制器通过消除稳态误差来提高系统的控制精度,保证系统误差最小,甚至直接消除。积分环节需对系统误差值进行叠加,因此导致系统存在一定滞后性。若积分系数时间值过大,虽然能降低系统的超调量,从而减小超调引起的振荡,但过大的积分系数会使系统的积分作用减弱,从而延长了到达稳态值的时间。若积分系数较小,积分环节对系统稳态误差的调节将会增加,同时也会增大超调量。

(3) 微分环节(D):微分环节对系统稳态趋势有一定预知性,从一定角度降低系统的超调量影响,从而降低系统的振荡影响。微分系数值增大,则抑制作用也变强,从而偏差得到较好的抑制。若系数偏小,则抑制作用随之减弱。

鉴于微处理器的数据处理对象为数字信号,模拟量输入到系统中时需要做采样处理,将油压、闸瓦等模拟值转换为数字量,此为信号的离散化处理,PID 的计算对象即变为数字量。PID 的离散化处理过程可根据采样周期的大小重新换算 K_p、T_i 的值,结合式(5-1)可将对应的数字 PID 计算表达为式(5-3)。

$$u(k)=K_p e(k)+K_i\sum_{i=0}^{k}e(i)+K_d[e(k)-e(k-1)] \tag{5-3}$$

式中　$K_i=\dfrac{K_p T}{T_i}$；

　　　　$K_d=\dfrac{K_p T_d}{T}$；

　　　　T——离散化时间间隔,即采样周期；

　　　　k——离散后的数值序列,$k=1,2,3,\cdots$；

　　　　$u(k)$——第 k 个采样点的输出值；

　　　　$e(k)$——第 k 个采样点对应的偏差值；

$e(k-1)$——第 $k-1$ 个采样点对应的偏差值。

式(5-3)为以位置为控制对象的 PID 计算过程,因参数过多,且调整时需同时考虑超调、精度及系统的预测性,因此计算量较大,且结果精度易受系统变化的影响。若将式 $u(k)-u(k-1)$ 以增量形式表达 PID 控制,则能有效去除累积误差值对系统的影响,从而降低系统计算过程中消耗的资源,同时减少系统因受冲击载荷而产生的误动作,由此,增量式 PID 的计算式变为如式(5-4)所示。

$$\Delta u(k)=K_p[e(k)-e(k-1)]+K_i e(k)+K_d[e(k)-2e(k-1)+e(k-2)]$$

$$(5-4)$$

第 k 个采样序列对应的增量式 PID 表达为式(5-5),即为前一序列值与增量之和。

$$u(k)=u(k-1)+\Delta u(k) \tag{5-5}$$

因 PID 控制算法在控制响应速度、控制精度和控制预测方面具有优势,提升机恒减速制动控制系统的控制器采用 PID 控制。现场实验显示,当提升系统出现载荷冲击影响时,恒减速的减速度随之变化,使系统不再是线性时不变系统,从而影响 PID 的控制效果。因此,单一时不变参数无法满足变工况下提升机的恒减速制动需求。研究 PID 参数自适应、自整的控制方法,对变工况、变载荷情况下的提升系统恒减速制动控制极为重要。

5.1.2 变工况下模糊控制策略

随着传感信息系统的不断发展,机械系统不再是裸机状态,而是增添了许多感知功能,随之而来的控制要求也不断提高,控制过程中系统耦合问题也随之变得复杂,控制对象的运行性能无法简单地用数学模型表述,因数学建模过程复杂,控制过程只能以模糊的概念表述。对于传统控制策略无法满足的控制系统,因模糊控制算法在控制过程中基于丰富的控制经验及数据的归纳总结得出控制结论,在控制过程中依赖于系统的运行状况和前期参数采集,故控制过程不需精准建模。恒减速制动控制过程可根据液压系统的特性进行建模分析,但变工况和变载荷无法实现精准建模,控制现场只能根据工人的经验进行实时调整,因此,模糊控制策略对恒减速制动控制能有较好的控制效果[83-84]。

模糊控制的基本理念类似汽车司机在行驶过程中,通过不精准的观察,实现精准的判断,比如倒车过程中司机无法通过眼睛观察到倒车距离的多少,但根据经验总结却能实现精准的倒车。模糊控制的过程就是将控制对象的某些模糊概念,如"偏大""偏小""较大"等,以一定数量表述出来,从而决定系统的控制方式和控制算法。模糊控制算法的研究重点就是将模糊化描述转换为"0""1"的数据表达形式,并告知计算机控制系统,即以准确的数学表达来表述人类常用的一些语言表达。模糊控制依赖于经验总结及推算,将模糊概念转换到0～1之间具体数据求解控制量大小。模糊控制已经被作为人工智能控制算法的一种,将其与智能控制中的模糊表达式与数学模型相结合,得到一种控制效果较佳的控制算法,既保留了模糊算法的优势还弥补了其不足。

对于复杂的控制模型,因其不便求解具体的数学模型,普通算法已无法满足其控制要求,而采用模糊控制算法,对于无法建模的控制对象有较大控制便捷性。控制过程主要基于经验操作和专家总结,以一定的模糊语言表述系统的控制规则,根据控制规则和先验数据库获取模糊推理,并进一步将模糊推理进行量化表示,即清晰化处理,得到最终的被控对象控制量,控制量输出到被控对象,从而实现模糊控制[85]。

模糊控制器在控制系统中具有计算、分析、判断的功能,保证了控制中心对外界模糊事物的精准判断,以复杂的机械系统作为被控对象,将信号反馈到核心控制器中,并对其进行模糊化、模糊推理和清晰化表达,模糊推理过程基于的是先验知识的数据库和规则库。模糊控制算法的逻辑结构如图 5-2 所示。

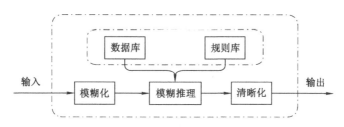

图 5-2　模糊控制器逻辑结构

根据模糊控制器的逻辑结构,模糊化的过程就是将输入部分的模糊概念转化为可以识别的值,以数据形式表达模糊的概念,以方便计算机识别并计算;数据库的主要作用为存储模糊子集和对应的隶属关系,即为模糊控制的经验库;规则库模糊值到清晰化之间的媒介,以某个规则通过模糊推理得到清晰化值;模糊推理基于数据库和相应的模糊规则得到具体数据值,即为模糊概念到具体数值之间的转换;清晰化是将模糊量化转换为精确的数值,作为被控对象的控制量,并由输出端输出到控制系统。

可根据控制器输入变量的多少将模糊控制算法分为一维、二维和多维,变量输入的种类即为模糊控制器的维度,二者一一对应。与一维模糊控制器相比,二维控制器以两个输入量计算系统偏差和响应特性,因此比一维模糊控制器有更好的控制性能,同时,较多维模糊控制器的结构简单,运算容易实现。因此,二维模糊控制器是应用较为广泛的一种模糊控制。

常用的模糊控制器包括 Mamdani(曼达尼)和 T-S 两种类型,其中 T-S 为 20 世纪日本两位学者提出的一种动态模型,因其控制输出量为线性值[86],其输出值不需解模糊运算,直接将模糊推理值用于控制被控对象。与 T-S 相比,Mamdani 型模糊控制器为更常用的模糊控制器,由笛卡尔乘积定义模糊关系,通常包含建立模糊规则、初始化参数和搭建模糊推理系统三大步骤。运算过程中首先进行离散化处理,从输入信号中获取蕴含关系,根据蕴含关系对应求解模糊规则对应的输出量,并进一步求解模糊值,从而得到清晰的控制量。

PID 控制算法作为一种经典的控制算法,具有较好的控制效果,但随着控制系统的不断发展,工业控制领域的要求也不断提高,普通的 PID 控制算法已无法满足复杂控制系统需要。模糊控制器的产生使 PID 在复杂系统中的控制缺陷得到弥补,PID 控制算法中试凑的问题得以解决,PID 解决参数自动整定的问题将给复杂控制系统带来较大便利,将成为今后智能控制的一个发展趋势。恒减速制动控制过程中,因整个制动过程时间较短,响应速度和控制精度要求高,加之工况复杂多变,普通技术人员无法很好掌控恒减速制动的过程,对接过程中还可能出现一线操作工人的表述与设计工人的理解不完全一致,导致控制系统的准确性降低。

5.1.3 模糊 PID 参数自适应

PID 控制器因其独特的简便性、较高的可靠性和泛化能力等优点,即使受众多智能控制算法的冲击影响,在工业应用领域中依然是主流的一种控制器。尤其针对一些复杂程度不高的控制系统和易于建模的近线性系统,PID 控制算法依然独占鳌头。普通 PID 算法的理论要求并不高,普通技术工人也可对参数进行修改和设计。

然而,诸如提升机恒减速制动系统的复杂控制系统中,因其控制过程随时间变化而不可预估,且系统为非线性系统,普通 PID 已经无法满足恒定参数的控制要求。若要满足控制系统的控制要求,需要每一种工况都对应一类 PID 参数,然而提升机工作现场无法逐一列举其工况环境,为此,采用模糊 PID 控制算法对变工况下 PID 参数实时调整不仅能提高控制精度,而且响应速度也得以提升。控制过程中,模糊控制器以给定减速度和反馈之间的比较值及减速度误差的变化率作为模糊判据,根据经验总结好的模糊规则,利用模糊推理总结得到 PID 中各个参数的修正,由恒定 PID 值向实时在线调整,实现恒减速制动控制系统PID 参数的自适应调节。

模糊 PID 控制方法结合传统 PID 的优点和模糊控制对模糊参数的推理,其参数可以利用模糊控制器跟随系统变化实时更新矫正,弥补了传统 PID 中参数恒定不变的弊端。组合后的新算法具有自适应能力强、泛化能力好、可靠性高等优点。基本结构组成如图 5-3所示[87-89]。

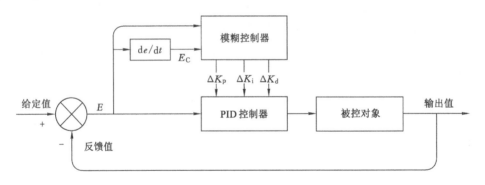

图 5-3　模糊 PID 控制器组成

根据图 5-3 所示的模糊 PID 控制器,可知 PID 的修正量由偏差值与偏差值的变化率共同决定,经模糊控制器实现实时调整。PID 控制器结合模糊控制器计算得出的修正量在线调整控制参数,经修正后的 PID 参数直接作用于 PID 控制器,利用修正后的 PID 控制器实现对偏差值的调整,并作用于被控对象。模糊 PID 的控制重点是寻求给定减速度值与偏差值和偏差变化率与修正参数之间的关系,该过程即为模糊控制规则,该规则是精确获取 PID修正量的基础,设计过程中应较为全面地设定模糊控制准则,以提高修正后参数的准确性,从而提高恒减速系统的控制精度,满足提升系统恒减速制动的性能需求。模糊 PID 控制器的主要优点如下[90-92]:

（1）对复杂系统、无法精准建立数学模型的控制系统,能消除恒定 PID 参数的控制弊端,从而提高系统的控制性能。

（2）控制算法主要依赖模糊化的语言表述,与生活更贴近,现场工程技术人员易于接受,容易掌握,且可结合自身经验对参数调整加以指导。

（3）PID 控制参数伴随输入的变化而实时变化,尤其对变工况和变载荷情况下的减速度冲击影响有较好的适应性,因此,在动态响应和稳态误差方面均有较好的性能。

（4）对于复杂工况的控制系统可保持普通 PID 的控制精度,且误差小于独立模糊控制器。

（5）单独的模糊控制器和 PID 均有较为成熟的应用,而模糊 PID 控制器易于设计,不用完全摒弃以往算法,因此成本大大降低。它将模糊控制算法和 PID 控制算法融入模糊 PID 控制器,并由 PLC 控制器将算法实现。

综上分析,鉴于提升机的恒减速控制系统紧急制动状态下为典型的非线性时变系统,普通的 PID 算法不能很好实现恒减速制动控制,可结合两种控制算法的优点,利用模糊控制算法实现 PID 控制的参数自整定,将反馈的减速度值和与给定值之间的偏差值,以一定的先验规则实现参数动态调整,以适应各类工况均可满足恒减速制动的效果。

5.2　制动系统模糊 PID 参数自整定

利用 MATLAB 中的 SIMULINK 模块,建立模糊 PID 控制器,在 MATLAB 环境下,利用图形用户界面实现控制参数的设计。

5.2.1　总体结构设计

将给定的制动减速度值与系统实时反馈的值进行比较,得出误差值,并计算对应变化率,因提升系统采用编码器实时监测提升速度,因此编码器获取的信号为速度信号,需进一步转换为减速度信号,将提升速度值对时间进行微分计算,得到减速度值。将减速度值与给定值的偏差与偏差的变化率通过模糊化、模糊推理和清晰化处理后得到 PID 控制器的修正参数:ΔK_p、ΔK_i、ΔK_d,根据修正参数的实时值调整 PID 的控制参数,由新的 PID 参数计算比例溢流阀所需开度对应的电压值,实现不同工况下提升机的恒减速制动。由此,选定模糊控制器的输入分别为偏差值 E 与偏差变化率 E_C 两个维度,输出则分别为比例、积分、微分三个量的修正量 ΔK_p、ΔK_i、ΔK_d。制动系统的模糊 PID 控制器总体结构如图 5-4 所示[93-94]。

5.2.2　变量的模糊分布

结合控制系统的总体结构,将减速度的偏差值 E 和偏差的变化率 E_C 进行模糊处理,并将模糊化后的值经模糊推理后进一步进行清晰化处理,然后得到修正后的 ΔK_p、ΔK_i、ΔK_d。模糊控制过程中,对被控对象属于模糊概念,开始设计时以初步论域作为输入输出的初步理论值,实际工作工程中不断根据实际工况进行更新调整。

模糊控制器的二维输入 E 和 E_C 论域分别为 $\pm e_{max}$ 和 $\pm de_{max}$,修正量 ΔK_p、ΔK_i 和 ΔK_d 的论域分别为 $\pm \Delta K_{pmax}$、$\pm \Delta K_{imax}$、$\pm \Delta K_{dmax}$。将模糊 PID 控制器的模糊论域范围设定为

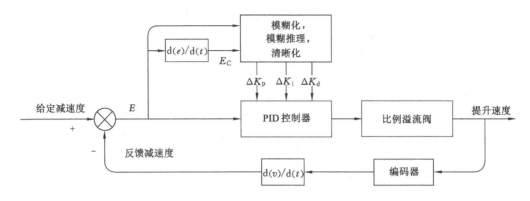

图 5-4　恒减速制动系统模糊 PID 控制器组成

$\pm n_{\max}$，即－6 到＋6 之间的 13 个整数作为模糊论域。由此，将减速度的偏差值和偏差值变化率的量化因子换算为式(5-6)所示，模式控制器输出为 ΔK_p、ΔK_i 和 ΔK_d，其比例因子如式(5-7)所示。

$$G_a = \frac{n_{\max}}{e_{\max}}, \quad G_{da} = \frac{n_{\max}}{de_{\max}} \tag{5-6}$$

$$G_p = \frac{n_{\max}}{\Delta K_{p\max}}, \quad G_i = \frac{n_{\max}}{\Delta K_{i\max}}, \quad G_d = \frac{n_{\max}}{\Delta K_{d\max}} \tag{5-7}$$

式中　　G_a——减速度偏差值量化因子；

　　　　G_{da}——减速度偏差值变化率量化因子；

　　　　G_p——比例环节修正量的比例因子；

　　　　G_i——积分环节修正量的比例因子；

　　　　G_d——微分环节修正量的比例因子。

分别以 N(B、M、S)表示负值时的大、中、小三种模糊概念，ZO 表示零值，P(S、M、B)表示正值时的小、中、大，将模糊概念凑成集合表示便成了模糊子集，基于高斯函数定义输入表述的隶属曲线关系 E、E_C，其表达为式(5-8)，以曲线形式表达其隶属函数，如图 5-5 所示。

$$f(x, \sigma, c) = e^{-\frac{(x-c)^2}{2\sigma^2}} \tag{5-8}$$

式中　　σ——正态分布的标准差；

　　　　c——信号的均值，即为隶属函数曲线的中心位置。

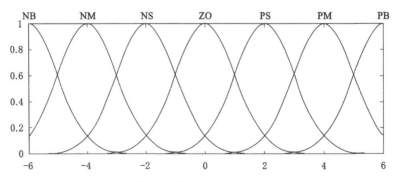

图 5-5　模糊控制输入变量的隶属函数曲线

以三角形隶属函数定义输出 ΔK_p、ΔK_i 和 ΔK_d[95-96]，定义如式(5-9)所示，其中参数 a、c 分别表示三角形的"脚"，b 表示三角形的中心线，即"峰"，如图 5-6 所示。

$$f(x,a,b,c)\begin{cases} 0 & x \leqslant a \\ \dfrac{x-a}{b-a} & a \leqslant x \leqslant b \\ \dfrac{c-x}{c-b} & b \leqslant x \leqslant c \\ 0 & x \geqslant c \end{cases} \tag{5-9}$$

式中　a——三角形的最小脚点对应的坐标；

　　　b——三角形峰点对应的坐标；

　　　c——三角形的与 a 对应的另一脚点对应的坐标。

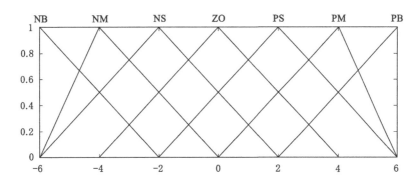

图 5-6　模糊输出的隶属关系

5.2.3　模糊规则的建立

根据恒减速制动系统的特点，控制量的选择遵循一定的原则，建立过程中需要遵循一定的基本思想，也即推导模糊量的一个原则，该原则即为模糊规则。若系统的误差较大，应想办法快速消除，以使系统快速达到预设值；若误差不大，此时误差就不是棘手的问题，因此消除误差时也要考虑系统稳定性不受影响，防止调整小误差时产生较大的超调量而导致系统振荡。

根据提升机的恒减速制动系统工作的不同状态下 E、E_c、K_p、K_i、K_d 的作用性质可知，PID 的三个参数分别与系统响应速度和超调量、稳态精度和预测性能、动态性能有关，因此，需综合考虑几种参数的调整。

（1）若系统工况或者载荷突然变化，则减速度值也将产生突变，此时的减速度偏差值较大，因此，应迅速调整比例系数的值，即取较大的 ΔK_p 和中等的微分系数 ΔK_d，避免微分环节饱和过度，导致系统失稳。并且，此时的积分作用为零，可避免积分环节的存在导致减速度出现无法逆转的超调。

（2）当偏差值 E 和偏差变化率 E_c 适中时，ΔK_p 取较小值，ΔK_i 取值适中，以保证减速度值稳定在适中的超调量范围内。此时的积分环节尤为重要，直接影响到最终的控制效果。适中的积分修正量可以同时保证响应速度和响应精度。

（3）若偏差值 E 较小，此时应首先保障精度，因此，增加 ΔK_p 和 ΔK_i，以此保证系统快速达到精度值，同时出现在设定值附近波动范围较小，保证系统抗干扰的能力。此时根据 E_C 的值决定 ΔK_d 的取值大小，E_C 与 ΔK_d 之间呈反比趋势。

根据以上语言变量的范围，初步得出 PID 中三个控制参量的模糊归属，如表 5-1、表 5-2、表 5-3 所示。有了初步规则后，可根据仿真结果和实际工作状况实时调整该规则。

表 5-1　恒减速制动系统模糊变量 ΔK_p 的推理规则表

		E					
		NB	NM	NS	ZO	PS	PM	PB
E_C	NB	PB	PB	PM	PM	PS	ZO	ZO
	NM	PB	PB	PM	PS	PS	ZO	NS
	NS	PM	PM	PM	PS	ZO	NS	NS
	ZO	PM	PM	PS	ZO	NS	NM	NM
	PS	PS	PS	ZO	NS	NS	NM	NM
	PM	PS	ZO	NS	NM	NM	NM	NB
	PB	ZO	ZO	NM	NM	NM	NB	NB

表 5-2　恒减速制动系统模糊变量 ΔK_i 的推理规则表

		E					
		NB	NM	NS	ZO	PS	PM	PB
E_C	NB	NB	NB	NM	NM	NS	ZO	ZO
	NM	NB	NB	NM	NS	NS	ZO	ZO
	NS	NB	NM	NS	NS	ZO	PS	PS
	ZO	NM	NM	NS	ZO	PS	PM	PM
	PS	NM	NS	ZO	PS	PS	PM	PB
	PM	ZO	ZO	PS	PS	PM	PB	PB
	PB	ZO	ZO	PS	PM	PM	PB	PB

表 5-3　恒减速制动系统模糊变量 ΔK_d 的推理规则表

		E					
		NB	NM	NS	ZO	PS	PM	PB
E_C	NB	PS	NS	NB	NB	NB	NM	PS
	NM	PS	NS	NB	NM	NM	NS	ZO
	NS	ZO	NS	NM	NM	NS	NS	ZO
	ZO	ZO	NS	NS	NS	NS	NS	ZO
	PS	ZO	ZO	ZO	ZO	ZO	ZO	ZO
	PM	PB	NS	PS	PS	PS	PS	PB
	PB	PB	PM	PM	PM	PS	PS	PB

通过 MATLAB 模糊规则编辑器,将模糊归属以规则库的形式存入系统,并对其域的归属进行定义,共有 3×49 条。如图 5-7 所示为恒减速制动系统模糊控制规则的逻辑选择界面。

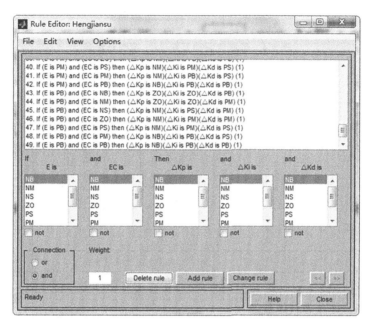

图 5-7 恒减速制动系统模糊规则逻辑选择界面

5.2.4 模糊推理与解模糊

模糊控制的实质是根据模糊域求解模糊关系,并将归属一一对应。当减速度值与减速度偏差变化率的值均已知时,模糊规则表中的多条规则将被激活。并非这么多条规则都需要选用,选用原则是对模糊子集进行"并"运算,通过求解各个子集之间的交集就能得到模糊推理结果。

通过模糊推理之后得到的模糊集合实际已经基本完成模糊计算,但该集合依然无法当作控制量作用于控制恒减速制动系统,对溢流阀的控制应该是一个具体的量。因此,控制系统的输出控制量务必为一个确定的数值,而非一个模糊集合。查找模糊归属域的过程即为解模糊或模糊判决。

常用的模糊判决方法有以下三种:

(1)隶属度最大值法直接以元素中的最大值作为具体值,是几种方法中最简单的一种。但该方法不适用于非正规的模糊集合,且解模糊过程中会导致大量信息的丢失,对于控制要求较低的场合可使用该方法。

(2)相比之下,重心法综合了诸多信息,只要输入有微小变化,重心位置就发生改变,输出量也随之改变,因此,该方法光滑度远高于最大值法。

(3)从控制精度来说,加权平均决策法决策过程合理,不会丢失许多信息,因此精度高。其主要过程为:首先计算横坐标与隶属集合之间的面积,然后利用竖直线将面积平均分为两半,并将该条竖直线对应的值表示为具体的控制量。该方法直观易理解,且精度高于另外两种方法,因此选择加权平均决策法(又称面积平分法)作为解模糊的方法[97-98]。

确定了解模糊的方法后,在工具箱中借助模糊规则计算,将模糊变量的输入值分别代入规则计算中得到输出变量与比例因子之间的乘积,即为模糊 PID 的修正量 ΔK_p、ΔK_i 和 ΔK_d,计算后得到的模糊 PID 修正量解模糊查询表分别如表 5-4、表 5-5 和表 5-6 所示。

表 5-4 恒减速制动系统 ΔK_p 控制查询表

		E_c											
		−6	−5	−4	−3	−2	−1	0	1	2	3	4	5	6
	−6	6	5	5	4	4	3	2	2	1	1	1	1	0
	−5	5	5	4	3	3	2	2	1	1	1	0	0	−1
	−4	5	4	4	3	3	2	1	1	1	0	0	−1	−1
	−3	4	3	3	3	2	1	1	1	0	0	0	−1	−2
	−2	4	3	3	2	2	1	1	0	0	0	−1	−1	−2
E	−1	3	3	2	2	1	1	0	0	0	−1	−1	−1	−2
	0	2	2	2	1	1	0	0	0	−1	−1	−2	−2	−3
	1	2	2	1	1	0	0	0	−1	−1	−1	−2	−2	−3
	2	2	1	1	0	0	0	−1	−1	−1	−2	−3	−3	−4
	3	2	1	0	0	0	−1	−1	−1	−2	−2	−3	−3	−4
	4	1	1	0	0	−1	−1	−2	−2	−3	−3	−3	−4	−4
	5	1	0	0	−1	−1	−1	−2	−2	−3	−3	−4	−4	−5
	6	0	−1	−1	−1	−2	−2	−3	−3	−4	−4	−4	−5	−6

表 5-5 恒减速制动系统 ΔK_i 控制查询表

		E_c											
		−6	−5	−4	−3	−2	−1	0	1	2	3	4	5	6
	−6	−6	−5	−5	−4	−4	−3	−2	−2	−1	−1	−1	−1	0
	−5	−5	−4	−4	−3	−3	−2	−2	−1	−1	−1	0	0	1
	−4	−5	−4	−3	−3	−3	−2	−1	−1	0	0	0	0	1
	−3	−4	−3	−3	−2	−2	−1	−1	−1	0	0	0	1	1
	−2	−4	−3	−3	−2	−2	−1	−1	0	0	0	1	1	2
E	−1	−4	−3	−2	−1	−1	−1	0	0	0	1	1	1	2
	0	−4	−3	−2	−1	−1	0	0	0	1	1	2	2	3
	1	−2	−2	−1	−1	0	0	0	1	1	1	2	3	3
	2	−2	−1	−1	−1	0	0	1	1	2	2	3	3	4
	3	−1	−1	−1	0	0	1	1	1	2	2	3	3	4
	4	−1	−1	0	0	1	1	1	2	3	3	3	4	5
	5	−1	0	0	1	1	1	2	2	3	3	4	4	5
	6	0	1	1	1	1	2	2	3	4	4	4	5	6

表 5-6　恒减速制动系统 ΔK_d 控制查询表

		E_C											
		-6	-5	-4	-3	-2	-1	0	1	2	3	4	5	6
	-6	2	0	-1	-2	-3	-3	-5	-4	-4	-2	-1	0	2
	-5	1	0	-1	-2	-3	-3	-3	-3	-3	-2	-1	0	1
	-4	1	0	-1	-2	-3	-3	-3	-3	-3	-1	-1	0	1
	-3	1	0	-1	-2	-3	-3	-3	-2	-2	-1	-1	0	1
	-2	1	0	-1	-1	-3	-3	-3	-2	-2	-2	-1	-1	0
E	-1	1	0	-1	-1	-2	-2	-2	-2	-2	-2	-1	-1	0
	0	0	-1	-1	-1	-1	-1	-1	-1	-1	-1	-1	-1	0
	1	1	0	0	0	-1	-1	-1	-1	-1	0	0	0	1
	2	1	0	0	0	0	0	0	0	0	0	0	0	1
	3	2	1	0	0	0	1	1	1	1	1	1	1	2
	4	2	1	0	0	1	1	1	1	1	1	2	2	2
	5	2	1	1	1	1	1	2	2	2	2	2	2	2
	6	5	4	4	3	3	3	2	2	2	2	2	3	4

　　根据初步得到的模糊查询表不一定能在工业现场有很好的控制效果,一个良好的模糊控制器应根据现场控制需求不断更新查询表数值,以不断优化控制效果。实际 PID 控制过程中还应根据初始 PID 参数与修正量之间进行求和处理得到最终的修正参数,如式(5-10)、式(5-11)、式(5-12)所示。

$$K_p = K_{p0} + \Delta K_p \tag{5-10}$$

$$K_i = K_{i0} + \Delta K_i \tag{5-11}$$

$$K_d = K_{d0} + \Delta K_d \tag{5-12}$$

式中　K_p、K_i、K_d——在线修正后的 P、I、D 值;

　　　　K_{p0}、K_{i0}、K_{d0}——PID 控制器的 P、I、D 初始值。

　　上述三式有机地将两种控制算法结合在一起,同时起到精度控制和模糊模型的效果,获得实时在线更新的参数,既有普通 PID 控制器的优点,又充分利用模糊控制的模糊推理,对提升机的恒减速制动过程中遇到的冲击载荷和变工况环境有较好的改进效果。设计完成后的模糊 PID 恒减速制动控制算法需要进一步以 PLC 作为控制平台实施控制,实际应用过程中,基于 PLC 的查表等功能实现模糊 PID 控制是比例溢流阀的控制基础,以下内容将做进一步阐述。

5.3　基于 PLC 的模糊 PID 参数自整定

　　基于 PLC 的模糊 PID 参数自整定编程过程中,首先将模糊查询表存入 PLC 的存储器,程序执行过程中将减速度偏差值 E 和减速度偏差变化率 E_C 对应到相应的模糊论域中,并查询对应的修正量值,得到修正量 ΔK_p、ΔK_i 和 ΔK_d 的清晰值。

5.3.1 模糊查询表

上述内容中推导出的每个修正量对应的模糊查询表为二维矩阵,其维度为 13×13,可将该查询表存放到 PLC 的数据块中,存入数据类型为实数型。将 PID 控制器三个参数的模糊规则表分别存入数据块,减速度偏差值 E 及偏差值变化率 E_c 分别存入 DB10 和 DB20。分别将表 5-4、表 5-5、表 5-6 的查询值按自上而下、从左至右的存储顺序放入三个数据块,得到 PLC 中的参数修正量去模糊化查询表,例如 ΔK_p 在 PLC 中的查询如表 5-7 所示,ΔK_i 和 ΔK_d 与此类似,不再赘述。

以实数型数据将模糊规则存放到二维数表中,根据规则的对应秩序,在 PLC 中建立的规则表长和宽均为 13 个数据。将 PID 的三个修正量对应的模糊规则表依次在数据块 DB1、DB2 和 DB3 中存放。将 PID 的修正值以自上而下、从左到右的顺序存放在存储器中[99],通过存储器的地址记录修正量的模糊查询表,如表 5-7 所示。可通过同样的方法建立修正量 ΔK_i 和 ΔK_d 的模糊查询表。表中变量 Kp_rule_table 同样为 13×13 的数据矩阵,因实数型数据为 32 位,4 个字节,因此,地址偏址(偏移地址)为 4。

表 5-7 STE7 中建立的 ΔK_p 查询表

地址	类型	名称	初始值
0	实数	Kp_rule_table[1,1]	6.00
4	实数	Kp_rule_table[1,2]	5.00
8	实数	Kp_rule_table[1,3]	5.00
12	实数	Kp_rule_table[1,4]	4.00
16	实数	Kp_rule_table[1,5]	4.00
20	实数	Kp_rule_table[1,6]	3.00
24	实数	Kp_rule_table[1,7]	2.00
28	实数	Kp_rule_table[1,8]	2.00
32	实数	Kp_rule_table[1,9]	1.00
36	实数	Kp_rule_table[1,10]	1.00
40	实数	Kp_rule_table[1,11]	1.00
44	实数	Kp_rule_table[1,12]	1.00
48	实数	Kp_rule_table[1,13]	0.00
52	实数	Kp_rule_table[2,1]	4.00
⋮	⋮	⋮	⋮
624	实数	Kp_rule_table[13,1]	0.00
628	实数	Kp_rule_table[13,2]	−1.00
632	实数	Kp_rule_table[13,3]	−1.00
636	实数	Kp_rule_table[13,4]	−1.00
640	实数	Kp_rule_table[13,5]	−2.00
644	实数	Kp_rule_table[13,6]	−2.00

表 5-7(续)

地址	类型	名称	初始值
648	实数	Kp_rule_table[13,7]	−3.00
652	实数	Kp_rule_table[13,8]	−3.00
656	实数	Kp_rule_table[13,9]	−4.00
660	实数	Kp_rule_table[13,10]	−4.00
664	实数	Kp_rule_table[13,11]	−4.00
668	实数	Kp_rule_table[13,12]	−4.00
672	实数	Kp_rule_table[13,13]	−6.00

5.3.2　PLC 查表程序

模糊 PID PLC 程序设计的关键是如何实现对规则表的查询,在 PLC 中查表比较方便的手段为指针寻址。假设寻址从地址 0 开始,则查表过程中加上地址偏址,根据模糊规则表的属性可知,偏移地址可根据 E 和 E_c 进行计算,即绝对地址为 $[(E+6)+13\times(E_c+6)]\times 4$。因此,解模糊的过程实际就是查表的过程,只需根据两个输入值的大小,由绝对地址查询对应 ΔK_p、ΔK_i,将查表程序设置为查表子程序,根据 PLC 的扫描逻辑直接调用对应地址的模糊值[100-101]。

（1）求解减速度偏差及偏差变化率

在功能程序 FC11 中编写偏差和偏差变化率的计算程序,根据理论得 $E = R - Y$,即偏差值为给定值与实际反馈值之差;偏差变化率 $E_c = E_1 - E_2$,即每两个扫描周期的变化量。程序梯形图如下。

减速度偏差值计算梯形图如下:

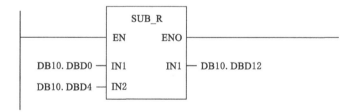

减速度偏差值变化率梯形图如下:

程序段 1:保存第一次偏差值。

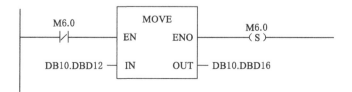

程序段 2:保存第二次偏差值。

程序段 3~5:计算累积偏差量。

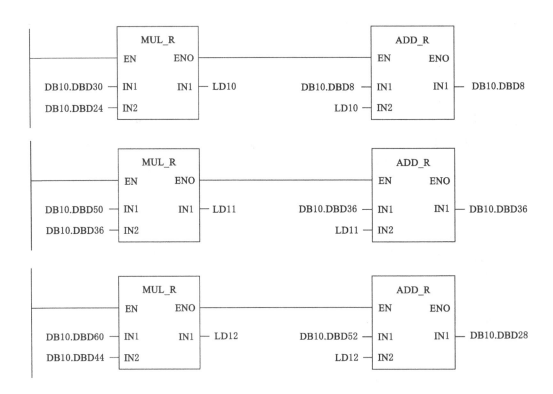

计算出偏差量和偏差变化率之后,根据偏差、偏差变化率和模糊化之间的关系,分别将二者以模糊化形式表示,其程序梯形图存放到 FC21 中。梯形图如下。

程序段 1:将偏差量模糊化后存放到 DB10.DB70 中。

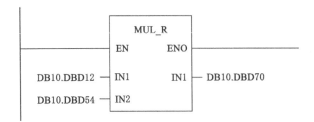

程序段 2：将偏差量变化率模糊化后存放到 DB10.DB66 中。

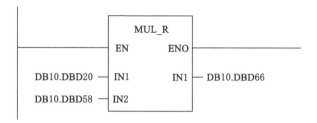

（2）模糊 PID 查表程序

为方便编程实现查表功能，将模糊论域{−6、−5、−4、−3、−2、−1、0、1、2、3、4、5、6}按顺序转换为 0～13 以更便捷地查表。具体字符查询程序如下：

```
OPN    DB10              //打开数据块 DB10
L      #error_E          //读取偏差 E 的值
L      L#4               //将绝对偏移量转换为实际地址的偏移量，地址为 32 位
L      L#6               //将模糊论域−6 到 6 的值以 1 到 13 的数字表示
T      #Temporary_data   //获取地址偏移量
L      #error_rate_EC    //获取偏差 Ec 的变化率
L      52
*I                       //形成地址指针
−L     336               //地址范围
+I                       //地址偏移
T      MW10              //临时存储表值
L      "MW10"
ITD
T      "MW12"            //查表地址的计算
L      MD12              //装载查表地址
T      MD16              //寻址指针转化
OPN    DB1
L      DBD ["MD16"]
T      MD20              //模糊量 △Kp 获取
OPN    DB2
L      DBD ["MD16"]
T      MD24              //模糊量 △Ki 获取
OPN    DB3
L      DBD ["MD16"]
T      MD28              //模糊量 △Kd 获取
```

（3）解模糊量程序段

```
L      MD20
L      DB7.DBD92         //△Kp 比例因子
/R
```

T	DB7.DBD104	//获取 K_p 修正量//
L	MD24	
L	DB7.DBD96	//获取 $\triangle K_i$ 比例因子//
/R		
T	DB7.DBD108	//获取 K_i 修正量
L	MD28	
L	DB7.DBD100	//获取 $\triangle K_d$ 比例因子
/R		
T	DB7.DBD112	//获取 K_d 修正量

5.4 系统电控液压联合仿真

5.4.1 恒减速制动系统电液联合仿真概述

AMESim 为典型的系统高级工程建模仿真软件,在流体机械领域应用广泛,已成为领域内的主流仿真软件之一。但针对类似恒减速的复杂控制算法,若只单独使用 AMESim 则难以达到仿真目的,结合 MATLAB 中仿真模块在系统建模和仿真的优点,且建模过程中直接拖动需要的功能框图,并设定对应的参数,并将各个框图之间用连线的方式联系在一起,由此可实现各种复杂的线性和非线性系统的运行仿真。此外,SIMU-LINK 模块中还集成了模糊控制的相关工具箱,构建模糊 PID 控制器过程中可结合恒减速制动的制动控制要求完成搭建。控制信号通过联合仿真的方式,将控制算法在 AMESim 搭建好的液压系统中进行验证,既利用了 AMESim 在液压系统的建模和运行状态分析,同时还在 SIMULINK 中实现了控制器的动态响应分析,从而实现提升机的恒减速制动系统的动态仿真[102-103]。

通过在 AMESim 中添加数据共享接口,使两个仿真软件可同时调用数据,从而实现联合仿真。可将液压模型以函数的形式在 SIMULINK 中调用,调用过程为 S_A_Function 框图格式调用,并将模型名称以液压仿真软件命名,从而实现控制算法和液压动态响应的联合仿真[104]。仿真过程中,液压和算法运行同步运行,需要同时打开两个软件,其仿真过程如图 5-8 所示。

5.4.2 恒减速制动系统仿真模型

基于前述在 AMESim 中搭建的制动控制系统液压仿真模型,为了实现减速度的性能仿真,需要进一步在液压系统中搭建加入减速度传感器模型,同时在液压系统中将控制信号引到外接接口接入 SIMULINK,实现电压控制信号向液压阀芯位置控制的转换,并模拟正常工作状态与安全回路掉电时的工作状态换换。将创建完成后的 SIMULINK 子模型设置完模型参数后打包成模糊 PID 的功能函数[105-106],如图 5-9 所示为 AMESim 软件中搭建的恒减速制动系统联合仿真模型。

根据前述内容中关于修正量参数自动调整的算法,该部分为恒减速制动过程中的核心环节,模糊 PID 控制器仿真过程与传统普通 PID 控制器的仿真相似,仿真过程中,以新

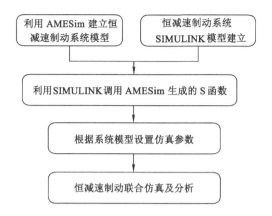

图 5-8　SIMULINK 与 AMESim 联合仿真流程

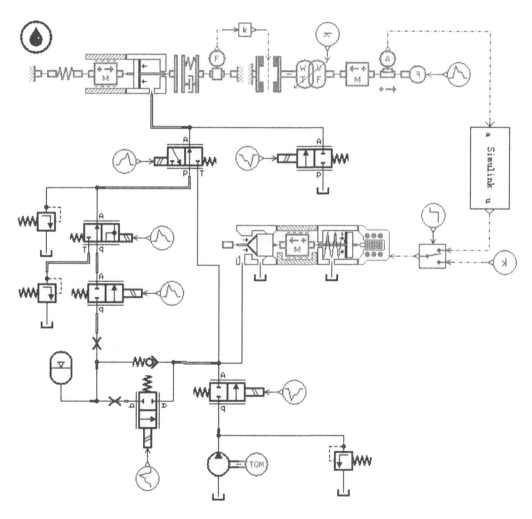

图 5-9　AMESim 环境下联合仿真模型

的 PID 模块代替传统模块,建模过程根据模糊 PID 所需要的功能模块将其添加到 Simulink 环境中,并根据逻辑顺序将系统依次连接。两种 PID 控制算法的区别在于是否将三个环节的参数设置为可随系统变化自动调整,即对修正参数进行自动计算更新。利用 MATLAB 中的模糊控制器工具箱,通过调用模糊逻辑控制器模块(Fuzzy Logic Controller)进行控制器的搭建[107]。导入控制器之后在对话框中输入建好的模糊 PID 控制器,并在导航窗口中单击创建调用模式,单击界面中的"OK"按钮,完成模块间的相互嵌套[108-111]。

根据传统 PID 算法和模糊 PID 算法之间的关联,为对比分析模糊 PID 算法的优越性,建模过程中先建立模糊 PID 的仿真模型,当进行传统 PID 算法仿真的时候只需将模型中的比例因子 G_a、G_{da}、G_p、G_i 和 G_d 全部取为 0,则模型切换为传统 PID。如图 5-10 所示,首先利用普通 PID 算法控制变工况下的恒减速制动,得到控制效果仿真;其次,利用前述所提的模糊 PID 算法也对变工况下的恒减速制动过程进行控制,观察制动效果之间的差异。

5.4.3 系统仿真结果分析

结合提升机制动性能测试实验台的实际参数完成模型仿真参数设置,根据前述建立的联合仿真模型分别在液压模型和 PID 模型中设定相关参数。参照《煤矿安全规程》的相关规定,提升机减速度的值应该在 1.5～5 m/s^2 之间,为此给定加速度(m/s^2)的值分别设为 -2、-3、-4 三个梯度,工况分别设定为重载下放、上提和空载等常见典型提升场合,依次对每种工况进行仿真分析。

如图 5-11、图 5-12 所示为空载时的加速度仿真曲线。由经验值分析,K_p、K_i、K_d 分别取为 3、12、0.5,仿真初始阶段,当模糊 PID 的量化因子和比例因子取为 0 时,其仿真结果与传统 PID 控制器一致,相当于未融入模糊控制的 PID 控制器。其空载时的仿真曲线如图 5-11 所示,动态响应时间为 0.7～0.8 s。

仿真过程中,偏差值 E 和偏差变化率 E_c 均取为 2 时,取比例因子 $\Delta K_p = 2$、$\Delta K_i = 5$、$\Delta K_d = 0.1$,在该参数的模糊 PID 控制器下对空载运行时的恒减速制动系统进行仿真,其加速度的仿真曲线如图 5-12 所示。

由仿真结果可知,在空载运行状态下,通过模糊控制器的调节,当减速度值达稳定状态时具有较高的精度,动态响应时间随给定减速度的不同而不同,响应时间随给定减速度增大而增加,几种给定减速度值中 -2 m/s^2 的响应时间最短,-4 m/s^2 的响应时间最长,设定的减速度值越大,则稳态所需时间越长,动态响应过程可能在 0.8 s 以上,当响应时间超过 0.8 s 时,系统不能满足《煤矿安全规程》的规定值,且实际应用中还会受到各类不可预估的工况影响,因此稳态时间还可能大于仿真值。

两种控制器相比,普通 PID 控制器的响应时间为 0.7～0.8 s,模糊 PID 控制器的动态响应时间为 0.5～0.6 s,且模糊 PID 控制算法的控制效果不易受给定减速度大小的影响。分析仿真曲线可知,当减速度设定在 2～4 m/s^2 时,模糊 PID 控制器对提升机的恒减速制动系统有较好的控制效果,其控制性能满足《煤矿安全规程》相关规定。

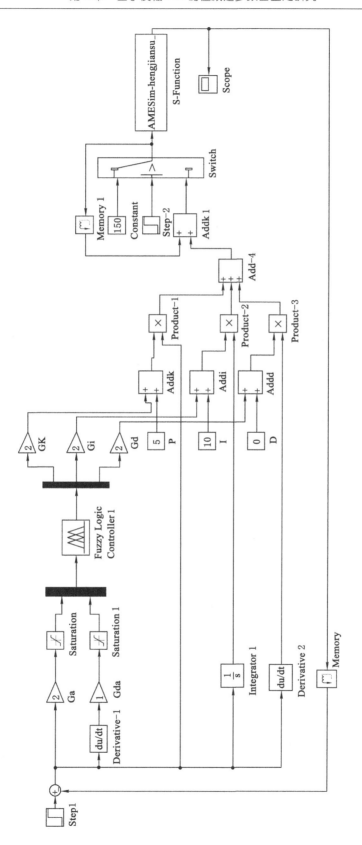

图 5-10　基于模糊控制的恒减速制动控制器联合仿真模型

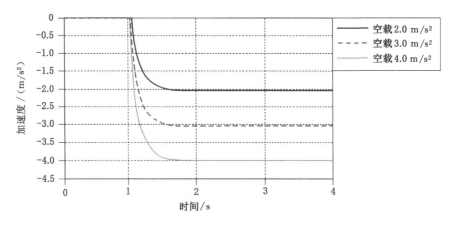

图 5-11 空载运行——普通 PID 控制算法

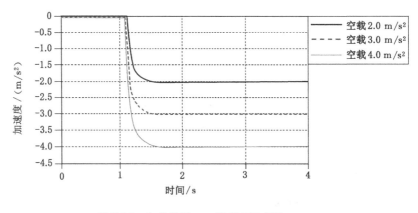

图 5-12 空载运行——模糊 PID 算法

空载运行状态下,对比普通 PID 控制器和模糊 PID 控制器对制动系统的制动性能,其响应时间如表 5-8 所示。

表 5-8 空载运行时的动态响应对比

加速度/(m/s²)	普通 PID 动态响应时间/s	模糊 PID 动态响应时间/s
−2	0.75	0.53
−3	0.72	0.52
−4	0.82	0.61

由表 5-8 的动态响应参数对比可知,采用模糊 PID 控制器优于普通 PID 控制器,系统的动态响应时间小于 0.61 s,有较快的响应速度。虽然模糊 PID 控制器中,仿真曲线会出现轻微超调量,但该超调值在误差允许范围内,因此,所设计的模糊 PID 控制器完全满足矿井提升机空载运行状态下液压制动系统的制动要求。

为比较相同控制参数下不同的运行阶段的控制效果,利用同样的普通 PID 控制参数和模糊 PID 控制参数对重载上提时进行仿真,加速度值同样设定为 -2 m/s^2、-3 m/s^2、-4 m/s^2。普通 PID 控制算法时的仿真结果如图 5-13 所示。仿真曲线显示,因普通 PID 控制算法的控制参数不变,因此运行过程中,当提升载荷变大时,制动减速度也随之增大,导致减速度响应时间变短,且动态响应时间随设定减速度值的变化影响较小,在设定的减速度值范围内,动态响应时间为 0.6~0.7 s。

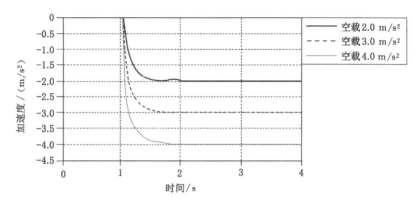

图 5-13　重载上提——普通 PID 控制算法

　　设定同样的参数,模糊 PID 控制器下,重载上提过程中,提升机制动过程中的减速度响应曲线如图 5-14 所示。由仿真曲线可知,不同减速度下,减速度的动态响应时间为 0.5~0.6 s,响应时间较短,随设定减速度的增大,响应曲线会有略微的波动,但响应时间依然优于普通 PID 控制器。

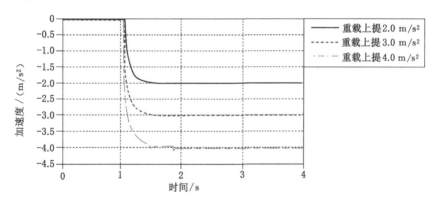

图 5-14　重载上提——模糊 PID 控制算法

　　用表格形式对比两种控制器时的动态响应时间,如表 5-9 所示,很明显,重载上提过程中动态响应时间明显低于空载运行中的制动过程。表中显示,动态响应时间并未完全随减速度设定值的上升而呈现增加趋势。但重载上提过程中,当提升载荷变大时,制动减速度也随之增大,导致减速度响应时间变短,最大动态响应时间为 0.75 s,小于《煤矿用 JTP 型提升绞车安全检验规范》中规定的 0.8 s。相比之下,模糊 PID 控制器的最低的动态响应时间可达 0.52 s,有较好的动态响应特性。不足的地方是,当系统刚进入稳定阶段时,减速度值会存在略微的波动,但波动范围不足 0.1 m/s^2,在误差允许范围内。

表 5-9 重载上提时提升机的恒减速制动响应时间对比

加速度/(m/s²)	普通 PID 控制响应时间/s	模糊 PID 控制响应时间/s
−2.0	0.66	0.54
−3.0	0.75	0.52
−4.0	0.67	0.59

参照以上仿真过程,对重物下放过程进行仿真,两种控制器的参数设置与前述空载运行和重载上提的一样。当利用普通 PID 控制器控制时,其仿真曲线如图 5-15 所示。由仿真结果可知,重载下放过程中达到稳态的时间比空载和重载上提的时间都要长,因此,动态响应速度较慢。图中显示,仅有加速度值为 −2.0 m/s² 时,能满足恒减速制动控制动态响应的要求,满足相关规程要求;当设定值为 −3 m/s²、−4 m/s² 时,系统达稳态的时间分别为 0.81 s 和 0.87 s,均大于相关规程规定的 0.8 s,因此,普通 PID 控制器难以实现快速减速停车。

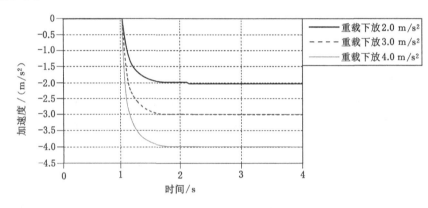

图 5-15 重载下放——普通 PID 控制算法

重载下放过程中,模糊 PID 控制器的控制仿真效果如图 5-16 所示。图中显示,当加速度设定值为 −2 m/s² 时,稳态过渡阶段略有波动,波动值小于 0.1 m/s²。从整体的动态响应时间看,减速度的响应时间在 0.5~0.6 s 之间,其响应速度较快,且满足煤矿提升运输相关规程要求。

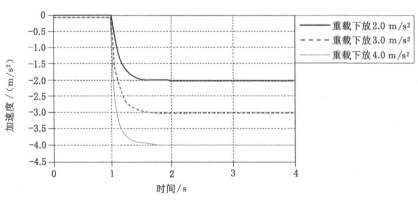

图 5-16 重载下放——模糊 PID 控制算法

重载下放过程中,两种控制算法的动态性能对比,如表 5-10 所示。相比之下,在重载下放过程中,模糊 PID 控制器的控制效果比空载运行和重载上提过程中在动态响应速度和控制精度方面均体现了更优的制动性能,在同一减速度下,模糊 PID 控制算法的动态响应时间比普通 PID 的要小,当加速度为 -4 m/s² 时效果最佳,此时模糊 PID 比普通 PID 快 0.3 s。当设定加速度值为 -3 m/s² 和 -4 m/s² 时,普通 PID 控制的动态响应不满足相关规程要求。由统计表 5-10 可知,模糊 PID 控制算法的动态响应时间均在 0.8 s 以内,满足恒减速制动控制的相关要求。

表 5-10　重载下放过程中恒减速制动响应时间对比

加速度/(m/s²)	普通 PID 控制响应时间/s	模糊 PID 控制响应时间/s
-2	0.74	0.53
-3	0.81	0.61
-4	0.87	0.57

由以上三种提升运行状态的仿真结果得出,普通 PID 控制器的控制效果较差,只有当加速度设定值为 -2 m/s² 时,几种提升运行状态的制动动态响应速度均满足要求,但当加速度设定值大于 -3 m/s² 时,提升机的制动性能随设定值的增大而逐渐变差,最大可达 0.87 s 的动态响应时间。因此,进一步验证了普通 PID 控制算法无法满足提升机提升过程中变工况、变载荷状态下的制动要求。相比之下,设定的几种减速度值,在空载运行、重载上提、重载下降过程中,模糊 PID 控制器均能满足相关规程中的减速制动的响应要求,且每种工况下均有较好的制动性能。所设计的控制器具有较好的响应速度、响应时间,满足相关规程要求,且信号输出稳定,波动均在可控范围内,完全能满足煤炭行业标准中对恒减速制动控制动态响应时间的规定。

本书提出的模糊 PID 控制器可实现参数自适应调整,与传统 PID 控制器相比,其控制策略更适合用于提升机紧急制动状态下的恒减速制动。基于模糊控制的 PID 参数自整定方法应用到模糊 PID 控制过程中,具有响应速度快、超调量小、系统稳定性好且稳态精度高等优点,鉴于此,认为该方法完全满足恒减速制动过程中的算法要求。

5.5　本章小结

(1)介绍了传统 PID 控制算法在控制过程中的基本原理及控制过程中的优缺点、模糊控制算法对复杂系统的模型优势,针对提升机的恒减速制动控制需求设计了模糊 PID 控制算法。

(2)利用模糊控制算法工具箱实现模糊 PID 控制算法,并将减速度偏差值和偏差值的变化率作为模糊控制算法的输入,根据比例、积分、微分参数修正量确定模糊论域,根据模糊控制要求确定了模糊规则表。以三步法实现模糊控制算法,根据控制要求,初步确定了模糊规则表中的值,并设计了参数更新算法。

(3)以初始修正参数在 DB 模块中实现模糊规则表的制定,通过指针寻址方式,根据模糊推理机制实现模糊表的查询,并实现了模糊规则表的建立、模糊规则表的查询方法等功能程序设计。

（4）对主要仿真软件进行系统介绍，并基于两个仿真软件实现提升机恒减速制动系统的液压系统建模和电控系统仿真，通过 AMESim 实现恒减速系统的液压仿真，并以函数的形式在 SIMULINK 中完成电控效果的性能仿真。仿真过程中设定了空载、重载上提和重载下降几种工况，针对几种工况进行联合仿真，结果显示，所设计的控制算法满足控制基本要求的同时还有动态响应速度快、稳态精度高且系统稳定的优点，能很好地用于提升机的恒减速制动控制系统。

第 6 章　基于 STM32 的恒减速制动硬件系统

6.1　基于 STM32 控制的背景介绍

　　纵观国内外对提升机系统的研究,最典型的是 ABB 公司在 1891 年研发并投入使用了第一台电力驱动提升系统,并成功用于煤矿提升运输。自此,该公司生产的提升机制动系统一直领先于国外大中型提升机生产水平,并持续研发了集安全可靠的机械、传动、控制及制动技术于一体的矿井提升系统,始终为矿山提升运输技术发展的标杆。

　　自 20 世纪 60 年代开始,ABB 公司就着力于研发盘式制动恒减速控制系统,以压力控制为途径,实现提升机的平滑制动。直至 90 年代,随着 PLC 技术的发展及其在工业控制领域的应用,ABB 在此基础上进一步改进了提升运输制动性能,实现了减速控制的自动化。目前,该公司生产的制动系统得到广泛应用,可完全实现制动无人操守,且系统可靠。

　　该公司生产的制动系统基于液压系统的控制,包括制动闸盘系统和电控系统。电控系统直接作用于液压制动系统,液压系统主要包括泵、油箱、液压管路及各类阀体,为提升系统开机运行提供开闸动力。利用制动闸瓦对制动盘产生的摩擦力作为制动力,通过油压系统提供不同的压力克服弹簧弹力从而控制制动闸的开度,开度越小,制动减速度越大,由此建立油液压力和制动力之间的函数关系,从而获得提升机的不同制动方式——正常制动时启用工作制动,当出现紧急制动时,即安全回路掉电时启用恒减速制动。电控系统是提升控制的核心,通常包含主控系统、人机交互界面及速度检测装置,通过 A/D 转换板块和信号处理板块完成输入、输出信号的处理,并根据提升运输所处的状态和故障辨别对液压阀体施加电信号的控制指令,通过电控阀的运行状态控制提升机的启停动作,并利用电控信号控制溢流阀的开度,从而对制动速度进行控制。

　　恒减速系统控制的核心是对提升机液压系统、安全回路信号、电控板和测速电机等信号之间的联合控制。选用 AC800M 控制器,采集油压传感器向系统反馈的压力、测速电机所测的运行速度及压力开关和各类阀芯的控制信号。由电控板给出适合提升机运行的恒减速参数,保证提升机按规定的减速要求,安全、平稳运行。控制系统由上位机和下位机组成,包含手动和自动两种控制方式,能实现信号快速采集和运行平稳控制。该公司生产的制动系统具有控制精度高、动态响应速度好的优点,同时还提高了提升效率和系统的安全性能。

　　相比之下,国内的提升机制动控制研究相对较晚,典型的有洛阳中信重工研发的制动系统。在 20 世纪 80 年代,提升机的制动系统主要以二级恒力矩制动为主,通过手动调节液压回路上的十字弹簧调压装置实现工作压力的控制。该方式控制过程中操作比较烦琐,且手动调整过程中,因操作人员不同而产生的差异较大,同时线性度较差,动态响应性能无法满足控制要求。同时系统精度较低,随动性差,导致制动过程稳定效果不好。

直至 20 世纪 90 年代,我国液压技术有了突破性的进展,对阀芯的控制逐渐由电液控制装置转变为数字比例溢流阀。数字比例溢流阀具有良好的控制特性,可在整个液压回路中实现工作压力的调定。可编程控制器因其控制的便捷性,加之可方便引入 PID 控制,当安全回路掉电时,可方便实现提升系统的安全制动。但是该控制方式需要实时反馈油压和速度信号,而 PLC 在数据采集方面存在实时性差、精度低、动态稳定性差及参数漂移的缺点,加之提升系统复杂的工况条件,而使控制系统的稳定性不理想,甚至还可能出现提升过程制动失效的危险。

目前,中信重工所研制的智能闸控系统利用恒值闭环恒减速控制算法,在各大中型矿井中的提系统得到广泛应用,该系统依然沿用了传统的恒减速控制和恒力矩制动的切换系统及提升机运行状态监测系统,可实现不同工况下提升运输可靠、安全、平稳的恒减速控制。利用西门子 PLC 控制器作为控制核心,附加对应的放大电路和控制电路,再加上 UPS 稳压电源保证系统的可靠性。液压控制环节包括液压站供油系统、电液泵装置、恒减速阀体控制和二级制动控制装置等。为保证液压制动系统的可靠性,液压站采用冗余设计,即有两套液压站,分别作正常工作使用和备用。系统运行过程中,当收到安全制动请求时,系统优先启用恒减速制动,若检测到恒减速制动系统失效,则系统自动切换到恒力矩二级制动。PLC编程过程中,以制动盘形闸处的压力信号作为各种提升模式的判断信号,并在系统中计算最佳的开闸和合闸方式,从而输出液压系统各个阀体的控制信号[112-113]。

虽然经过几年的不断研发,国内提升机恒减速控制技术不断取得进步,但相对国外恒减速制动技术而言,依然存在大量瓶颈问题急需解决,包括液压系统的密封性、控制的动态响应特性及控制精度等问题。就国内矿井提升系统而言,大部分矿井依然停留在传统的二级减速制动系统的应用上,若升级改造为恒减速制动系统,则势必耗费大量的改造费。目前,随煤矿生产对安全性、动态响应特性和控制精度的要求不断提高,国内生产的恒减速制动系统依然有较大的改进空间。因此,大批专家学者针对该问题进行立项研究,做了很多贡献。

典型的有,中国矿业大学以肖兴明教授为代表的研究团队,研发了自动切换制动装置,该装置可保持原有的恒力矩制动,在此基础上增添恒减速制动功能,无须额外增加或更换液压制动系统便可实现恒力矩制动到恒减速制动功能的切换,且有实现方便,改造费用较低,便于维护等优点。团队成员马衍颂[114]等利用 PLC 控制器实现恒减速制动控制系统的设计,制动控制过程中,以 PLC 控制器作为运行状态的判断核心,在紧急制动状态下自动启用恒减速制动模式,并加上冗余系统来保证各种运行状态、各种运行工况下的稳定、可靠制动。王先锋[115]专门对提升机的制动闸瓦进行可靠性分析,建立了基于压力继电器控制的液压制动系统残压监控和阀芯位移监测的联合控制模型,并以此提高系统的可靠性。史书林等[116]依据恒减速制动过程数学模型分析结果,基于模糊控制算法实现了系统的控制仿真,并得出模糊控制算法在提升机恒减速制动过程中的可推广性,但该方法始终停留在仿真分析上。张梅等[117]在减速制动控制中引入了模糊控制算法,以单片机作为核心控制器进行恒减速制动控制系统的设计,实验表明,恒减速制动效果稳定,且基于单片机的开发设计过程便捷。

通过背景分析可知,目前采用 PLC 控制的提升机恒减速制动系统主要存在以下不足:

(1) 以 PLC 作为核心控制器,系统可集信号采集、油压控制、运行状态监测于一体,因 PLC 程序的扫描方式为顺序执行结构,容易因 CPU 的主频过低而导致恒减速制动系统的实时性和减速度控制的稳定性较差,此外,PLC 程序控制中难以实现复杂的恒减速控制算法。

(2) 现有的控制算法多为传统 PID 控制,但提升过程中,由于运行工况复杂,使用单一的传递函数和单一的算法难以实现复杂工况下依然保持恒减速控制,此外,保证系统的动态响应和稳态精度依然是一大难题。随着控制理论的发展,已有少数系统引入了模糊控制算法,但模糊规则依然依赖于经验,且隶属函数的设定因人而异,系统缺少自学习的能力,因此难以获得泛化能力较好的控制。

(3) 恒减速制动控制中,直接的反馈量为减速度,但现有系统中均采用提升运行速度与时间之间的微分获得,在减速度的计算过程中容易影响动态响应,且计算精度稍有偏差,将直接影响提升机的制动效果。反馈量的精度直接影响到恒减速制动控制的精度、实时特性和稳定性。

基于以上不足,本书将基于对单片机 STM32 的控制实现恒减速制动控制的改进,采用嵌入式系统代替传统的 PLC 控制器,并将此作为恒减速制动控制的下位机系统,引入模糊神经网络控制算法替代传统 PID 控制算法,从一定程度上解决系统泛化能力的欠缺,从而解决传统恒减速制动控制系统中的动态响应特性差、精度与稳定性不可兼得的不足。具体措施如下:

(1) 基于现有恒力矩制动系统,引入恒减速制动装置,并将恒减速制动过程作为控制对象,进一步得到系统的硬件控制方案,并基于该方案实现各个硬件电路的详细设计,包括电源电路、油压信号的隔离电路设计,阀体控制信号的输出电路及主控系统外围电路的设计。

(2) 基于恒减速制动控制的需求,进一步实现软件系统的详细设计。基于嵌入式开发系统 μC/OS-II 实现各个功能模块的软件设计,组建系统运行的开发环境,进行恒减速制动系统控制操作系统的移植程序、各个硬件电路的驱动程序设计及上位机中的系统处理程序设计。

(3) 进一步实现控制算法的设计。基于恒减速制动控制的需求,从多维度引入卡尔曼滤波等算法,实现加速度值的估计,并将模糊控制算法应用于恒减速制动的控制,对各个算法进行详细设计。

6.2 基于 STM32 的控制设计

6.2.1 基于 STM32 的恒减速制动转换装置

目前,恒减速制动控制的核心依然是对电、液系统实施控制,将减速度值作为控制的目标,当收到紧急制动信号时,启用恒减速制动系统,使提升系统在各类工况的干扰下均能实现以恒定减速度停车。与恒力矩二级制动相比,其克服了变工况时对减速度值的冲击,使系统变得更加平稳,运行过程平缓,且钢丝绳不易受损,从而保障提升运输系统安全可靠。

与 PLC 控制器背景下的恒减速制动控制一样,基于 STM32 的恒减速制动控制系统主要采集信号为提升机速度信号,因减速度值无法通过传感器直接获得,因此,可通过微处理器对速度值定时进行差分运算,由此即可获得减速度值。将该减速度值与给定的减速度进行比较,当存在偏差时,控制系统将通过一定控制算法计算该偏差对应的调整输出量,并将该输出量通过输出电路驱动电液比例溢流阀,从而实现制动闸瓦的开度控制,实现降低给定减速度和实际减速度之间的偏差值。该动态调整过程一直持续到偏差值在允许误差范围内为止,该过程即为恒减速制动控制信号变换过程。

为方便切换恒减速制动,基于现有恒力矩系统实现两种制动模式的切换,以液压系统作为控制对象,实现传动装置的控制。如图 6-1 所示为恒减速制动系统液压转换装置,其原理为:提升机在正常提升运输时,换向阀 1 处于正常工作状态,此时液压系统的工作状态处于恒力矩制动模式。当收到启动信号时,盘闸打开,当提升容器到达指定位置时,盘闸回油,制动盘处于抱死状态。当需要将制动压力调高时,可由电液比例溢流阀进行调节,高压油来源于两路,一路是压力油系统提供的压力,一路是蓄能器补充的压力,并且由蓄能器决定最高制动压力。

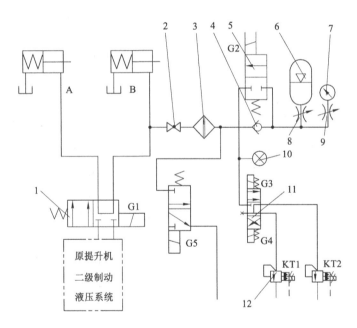

1—二位四通换向阀;2—截止阀;3—过滤器(精);4—单向阀;5—二位二通电磁阀;6—蓄能器;
7—油压表;8,9—节流阀;10—压力传感器;11—三位四通换向阀;12,13—比例溢流阀。

图 6-1 恒减速制动系统转换装置

当检测到提升机故障时,安全回路自动掉电,系统由 UPS 提供动力电源。此时由于掉电,电动机和泵停转,并启用二位四通阀 1,系统向 A、B 管供油。二位二通阀 5 获得供电,蓄能器释放液压能,并将液压能供给整个回路。系统不断采集光电编码器所反馈的脉冲信号,由此计算提升机减速度的大小,将计算值与给定值进行对比,获取偏差信号,通过给定算法计算该偏差信号对应的电压输出信号,通过放大后驱动电液比例溢流阀 12,不断调整盘闸的制动压力,从而实现减速度的调整。通过判断减速度的检测值与给定值之间的偏差大小进行稳定性判断,当在偏差允许范围内时,则以该减速状态继续减速,直至稳定停车。根据该原理,系统减速度调节过程始终和实际减速度与给定减速度相关,通过二者的差值不断更新调整,由此判定提升机保持恒减速运行的过程与工况及提升载荷无关,整个制动过程仅需不断检测偏差值,并由偏差值计算对应比例溢流阀的开度对应的电信号,只要检测速度和控制信号的输出速度够快,则恒减速控制便可有较好的控制效果。

当提升机停车稳定后,二位四通阀 1 掉电,二位二通阀 5 也掉电,系统直接切换至原二级制动恒力矩控制的状态。因二级制动状态下液压系统泵和电动机处于停止工作状态,液压系统回路中的油压会降低至残压,且制动盘闸中的油液迅速回油箱,通过碟形弹簧紧紧抱死提升机制动盘。该过程满足《煤矿安全规程》所规定的提升机制动减速中制动力矩为静力矩大小 3 倍的要求。

6.2.2　控制系统的方案设计

电控系统作为恒减速制动控制系统的核心,其性能好坏直接影响到恒减速制动效果。控制系统承担着提升系统运行状态采集、制动压力检测、油压信号控制的任务,并有对采集信号进行实时处理、实时计算、逻辑辨别及故障监测和报警功能,且为上位机和下位机之间的通信桥梁。

所设计的嵌入式恒减速制动控制系统包括电路板、人机交互界面、传感信息系统及被控对象等主要部分。其结构如图 6-2 所示。

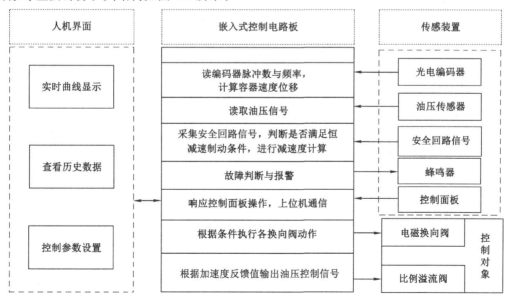

图 6-2　恒减速制动控制系统硬件组成方案

电路板为恒减速制动控制系统的主要载体,不仅要有良好的兼容性,而且接口类型和输入输出数量均要满足恒减速制动系统的控制需求。设计过程中应考虑系统可方便地实现提升系统的数字信号和模拟信号采集,并通过计算后可方便地将计算结果转换为模拟信号由系统输送出去,同时还应具备与上位机进行数据实时交互的通信功能。由控制系统的上位机建立底层硬件电路与软件控制的连接,将软硬件整合到一起,并通过数据的实时显示与参数设置实现人机交互,在界面中实现参数设置、数据上传、声光报警及报警确认和历史报警信号的查询等功能。将下位机采集到的提升机运行状态信息实时传输到上位机完成数据采集,并通过实时运行动画和动态曲线的形式显示,同时还可更改恒减速控制的参数,设定减速度的大小。

恒减速制动控制系统的传感信息主要包括油压信号和光电编码器的脉冲信号,两种信号可分别用压力传感器和编码器获取。因光电编码器获取的是脉冲信号,因此需要进一步转换为转速信号,对转速信号做对时间的微分即得到减速度信号。控制系统的输出信号包括液压执行元件的驱动信号和电磁阀的启停开关信号。电液比例溢流阀的工作状态与驱动信号的大小有关,当减速度值存在偏差时,利用控制算法对电液比例溢流阀驱动信号的大小进行调整,直至偏差在允许误差范围内。因嵌入式系统输出信号为数字量信号,因此需进行数模转换。该驱动信号直接用于调整溢流阀的开度,以改变制动盘上的制动正压力,从而实现减速度大小的实时调节。利用电磁换向阀进行制动模式的切换。当系统油压不足时也可利用电磁换向阀切换为蓄能器供油。若主回路出现故障,则由电磁阀切换为备用回路工作。当系统完全停机需要释放残压时,通过电磁阀的换向将有残压处的油全部送回油箱。

6.2.3 控制系统的核心电路设计

结合恒减速制动控制的基本原理,根据控制要求,确定控制参数,并基于矿井提升现场,确定恒减速制动控制的核心控制电路方案。控制电路部分是恒减速制动控制的核心载体,减速度的控制效果直接和电路性能的好坏相关[118]。根据恒减速制动系统的控制要求,电路系统必须具有较强的信号采集速度和采集精度、较强的信息处理能力以及高的可靠性和系统兼容性。

(1)信号采集率和信息处理能力:根据相关规程要求,当提升机进行恒减速制动时,从信号发出到建立恒定减速度运行的时间应小于 0.8 s,制动闸盘的空程时间不应大于0.3 s。因此,对恒减速制动控制的实时动态响应要求非常高,唯有提高硬件系统中微处理器的信息处理能力才有可能实现其功能。

(2)可靠性:矿井提升机的运行环境存在诸多复杂不可控的干扰运输,且运行工况随提升需求的变化而改变,当出现较多干扰信号时,可能会影响输入信号的精度,严重时会导致系统对动作的误判,导致信号失效。务必采取一定的抗干扰措施,将系统内部和外界干扰进行隔离。

(3)系统的兼容性:控制系统电路应满足系统的输入输出接口数量要求,接口应具有一定的移植特性以便进行多功能的扩展。因提升系统的不可控因素较多,系统调试较复杂,系统设计过程中不仅要考虑其兼容性,还需保证拆卸调试的便捷性。

　　根据以上分析,基于 STM32 恒减速制动系统的硬件控制系统电路总体方案的设计如图 6-3 所示,利用模块化形式将外围电路和核心控制器组合起来,其中外围电路和核心控制器为独立的两个模块,并通过模块接口连接。核心控制器安装在核心主板中,核心主板与外围电路相连,外围电路主要包括实现恒减速制动控制所需的输入输出信号接线。该结构可方便地为系统提供调试便利,当系统已安装在矿井提升现场,需改变其控制特性时,可单独对控制器进行编程调试,当实验调试无误后将核心控制器移植到控制现场进一步调试。

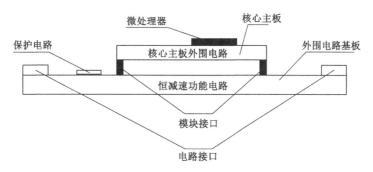

图 6-3　恒减速制动控制系统电路方案

　　方案中,微处理器为恒减速控制系统的核心部分,承担着传感器信号的实时采集、信息实时处理、算法的综合分析、输出信号的精准控制、系统参数的曲线实时显示、系统故障状态信息的实时检测等任务。因此,所选微处理器基本的性能应包括输入输出、算法指令等资源,有快速运算的功能和低功耗的特点。综合对微处理器的性能分析,STM32 序列的控制器具有功耗低、信号处理能力强的优点,因此,是一款比较适合恒减速制动控制的微处理器。其中,STM32F103VCT6 具有较高的处理速度和处理能力[119],内部集成多线程处理,且功耗低,正常工作状态下的功耗低至 36 mA,管脚数目为 100 只,包括 80 只双向的 I/O 口,接口数目丰富,满足信号输入输出功能。此外,还包括通信口 13 个,I2C 接口 2 个,USART 通信口 2 个和 SPI 口 3 个,完全能满足恒减速制动系统在控制过程中对被控量的信号处理要求。

　　电路的输入、输出环节采用光电耦合隔离模块对强电磁干扰做进一步隔离处理,为保证驱动过程不因电信号过大而烧坏控制电路,在供电回路中加入短路、短路、热保护及过载保护功能。当系统电流过大时,自动切断电源信号,使整个电路系统不受影响。根据系统工作要求,选用 1 A 可自动恢复的保险装置。将晶体二极管串接在系统中,当电流传输方向为正时系统能顺畅导通,当为逆向电流时自动阻止,且系统反向保护在电路系统中的能耗较低。

　　系统中的速度检测传感器与 PLC 控制下的一致,采用光电编码器获取提升机主轴卷筒的旋转速度,将编码器采集到的脉冲信号转换为速度信号,再对速度信号与时间做微分计算即得到减速度值。光电编码器器的基本结构原理和基本参数要求已在 4.2 节中阐述,其包括码盘和发光二极管及光电感应装置。检测过程中将编码器安装在摩擦轮的主轴中,并随主轴旋转,此时发光二极管所发出的光源经光栅传递至感光元件,感光元件所检测到的信号为连续不断的脉冲信号,由脉冲信号与周期的关系即可推导出主轴旋转速度。

　　光电编码器具有结构简单、抗干扰能力强的优点,常被用于检测旋转装置的速度信息[120],恒减速制动控制过程中采用增量式编码器作为主轴摩擦轮的速度信号检测装置。编码器有三种不同的运行模式,分别根据 A、B、Z 三相的相序而定,其中,A、B 相序决定了编码器的运行方向,Z 相决定了旋转的位移,检测过程中常以 Z 相的信号特性反推光电编码器的参考位置。通常情况下,使用编码器之前,应检测编码器的输出波形,若各相脉冲输出的波形为标准的方波脉冲,则判定其有较好的检测效果,可作为恒减速制动控制的光电编码器。

　　除速度信号以外,恒减速制动控制过程中离不开系统的油压信号,油压信号值包括电液比例溢流阀与安全阀处的油压值。以油压传感器作为油压信号的检测元件,将油压值转换为可测量的电信号,并经模数转化后输入到 MCU 中,一方面通过实时显示装置显示出来,另一方面通过与给定减速度值对应的油压值进行对比,判定此时油压信号与对应理想油压信号值的偏差大小,并决定是否调整该驱动信号。油压传感器的基本工作原理为:将油压的压力信号转换到油压传感器的膜片中,膜片的变形程度与压力的大小呈正比关系,压力值越大,膜片产生的形变量越大,此时电阻变化值也越大。

　　为方便系统的控制,选取油压传感器过程中主要考虑压力范围、电压等级与信号输出形式,因 MB330 型油压传感器具有较宽的量程范围,可测量 16 MPa 以内的油压信号,其以电流信号形式输出,故可进行远距离传输,电流大小为 4 到 20 mA。供电电压为直流 12～36 V 的宽电压,因此,将其选为油压传感器。

　　为提高油压传感器的检测精度,系统安装前应先对该传感器进行标定,通过实验验证传感器信号的偏差,确定油压输入信号与电压输出值之间的关系。其标定的基本原理如图 6-4 所示,其中传感器 A 为标准的油压传感器,其精度较高,达 0.05%,以该标准的油压传感器作为参考,测定传感器 B,传感器 B 即为 MB330 型。测定过程中通过手摇泵将油压的压力分别注入 A、B 传感器。标定前对两个传感器提供 24 V 稳压电源,开关电源选用广州邮科电源,型号为 YK-AD2410BEI 的开关电源将 220 V AC 转化为 24 V DC。

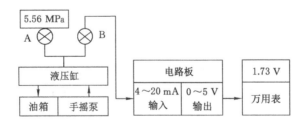

图 6-4　油压传感器标定原理

　　油压传感器校验过程中,向传感器从 0 开始施加压力,每次增加 1.5 MPa,并记录对应的输出电压值,当系统压力增加至 15 MPa 后开始卸压,共测 11 组油压-电压值。将该过程重复三次,并记录每次对应的输入输出值。如表 6-1 所示。

表 6-1　油压传感器校验记录

油压/MPa	电压 U_1/V	电压 U_2/V	电压 U_3/V	平均电压 U/V
0	0	0	0	0
1.5	0.44	0.43	0.46	0.44
3.0	0.97	0.91	0.91	0.93
4.5	1.41	1.36	1.37	1.38
6.0	1.80	1.86	1.91	1.86
7.5	2.30	2.37	2.31	2.33
9.0	2.87	2.78	2.82	2.82
10.5	3.22	3.29	3.31	3.27
12.0	3.71	3.79	3.68	3.73
13.5	3.96	3.98	3.96	3.97
15.0	4.61	4.60	4.64	4.62

　　传感器的检测精度与输入/输出之间的线性关系相关,为提高油压检测的精度值,将表 6-1 中的数值进行线性拟合(线性回归)[121],通过拟合后的公式便可得到较高精度的输入/输出之间关系。通过常用的最小二乘法实现该拟合过程,电压输出过程根据计算后的拟合算法进行求解。规定输入值为 x(即油压信号),输出值为 y(即电压信号),根据最小二乘法的计算方法得公式(6-1)。

$$y - \bar{y} = b(x - \bar{x}) \tag{6-1}$$

式中　y——油压对应的电压信号,V;

　　　$\bar{y}$——电压信号的平均值,V;

　　　b——线性回归系数;

　　　$\bar{x}$——平均油压值,Pa。

　　以输入/输出的最小误差为优化目标,利用最小二乘法求解系数 b 的值。线性回归系数的计算公式如式(6-2)所示,经计算拟合后得回归系数值为 0.31,代入数值后得线性回归方程为式(6-3)。

$$b = \frac{\sum\limits_{i=1}^{N} x_i y_i - \left(\sum\limits_{i=1}^{N} x_i\right)\left(\sum\limits_{i=1}^{N} y_i\right) \Big/ N}{\sum\limits_{i=1}^{N} x_i^2 * \left(\sum\limits_{i=1}^{N} x_i\right)^2 \Big/} \tag{6-2}$$

式中　N——实验采样的总次数;

　　　i——第 i 次实验采样。

$$y = 0.31x - 0.007 \tag{6-3}$$

　　由拟合曲线的计算公式,当测得油压信号对应的电压值时,推导出对应的油压信号。源数据输入/输出与拟合曲线之间的坐标关系如图 6-5 所示,实际测量值与拟合曲线较接近,因此拟合后的曲线可用于实际测量。

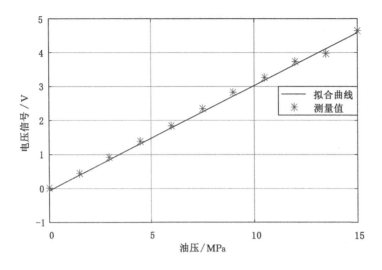

图 6-5 油压传感器拟合曲线

以 STM32 微处理器作为核心控制器,进行外围电路的设计,外围电路设计过程中基于电路基本功能,以保证微处理器的正常运行为目的。如图 6-6 所示为核心控制器及辅助外围电路的基本组成。电路主要包含抗干扰、时钟、供电、程序下载、数据存储、电路自检及运行状态的实时显示等功能。

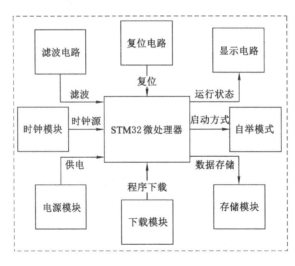

图 6-6 核心控制器外围功能电路

(1)电源模块

如图 6-7 所示为电源电路的组成,以 ASM1117-3.3 作为核心三端稳压管,为控制器提供 3.3 V 的电压,该稳压器具有稳压效果好、精度高的优点。其输入电压为 5 V,源于外围电路。通常情况下,该三端稳压管为高集成电路,具有健全的保护措施,包括热保护、过流保护等,外接电路简单,只需接上 0.1 μF 的滤波电容和发光二极管作为电源信号指示,原理简单且性能稳定可靠。滤波电容根据其储能特性,具有吸收交流成分的特点,由此输入端电容

C13、C14 吸收了不同频率成分的脉冲干扰信号,C12、C15 将电源信号中的耦合成分滤除。当电源正常供电时,其发光二极管 D3 指示灯亮,由此实时观测稳压电源的状态[122]。

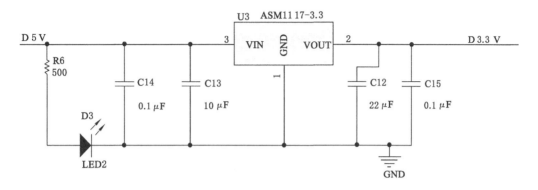

图 6-7　3.3 V 电源电路

（2）时钟电路模块

通过石英晶体组成的脉冲发生电路实现 CPU 的控制节拍功能,即每个脉冲对应一个工作节拍。通常情况,晶振频率可选择在 4~16 MHz 范围内,在可匹配的频率范围内,频率越高,处理器处理速度也越快。工作过程中,不同的晶振将为系统提供不同频率的时钟值。时钟电路的基本原理为:系统启动后,利用复位按钮,将晶振电路复位。系统工作在 8 MHz 的 RC 振荡电路中,系统启动后利用外部时钟设置具体工作频率。时钟电路主要包括内部时钟和外部时钟,二者采用冗余设计方式,并且一方出现故障时立即启用另一方,首选外部时钟工作[123]。时钟电路模块的设计如图 6-8 所示,外接晶振频率分别为 8 MHz 的高速振荡和 32.768 kHz 的低速振荡,其中高速振荡作为系统时钟参考,低速振荡作为 RTC 时钟参考。

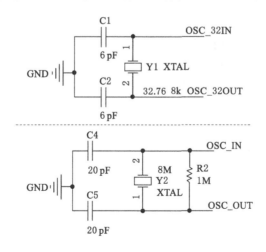

图 6-8　时钟电路

（3）复位电路

为保证系统的正常运行,复位功能是电控系统中不可或缺的部分。复位环节分为上电时的复位和掉电后的复位,当正常启动系统时复位一次,当电源电压低于 2 V 时,为保护电路系统,系统也将自动复位。此外,为防止系统进入死循环或运算崩溃,复位系统中还应加入手动复位的方式,以便可用手动方式将系统恢复到正常状态。复位电路的设计如图 6-9 所示。

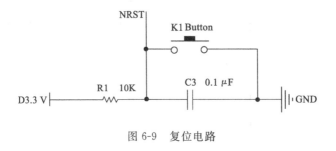

图 6-9　复位电路

（4）程序下载电路

STM32 中内置了串行通信、JATG 等多种程序调试接口,其中 JATG 通信方式具有引脚数目需求多、程序下载电路复杂、程序下载速度慢等问题。而串口形式在调试过程中只需数据线 2 根、电源线 1 根（GND）即可实现电路程序的烧录调试,因此,为节约成本,选用串口通信模式。如图 6-10 所示,端口 SWDCLK 和 SWDIO 分别与处理器的 SWDCLK 和 SWDIO 端口相连。

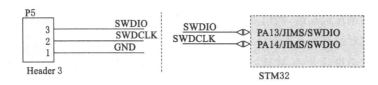

图 6-10　程序下载电路

（5）存储器电路

存储器在电路系统中主要用于提升系统恒减速制动相关数据的中间存储,因数据量较多,同时考虑系统随提升系统的要求会越来越复杂,存储器设计过程中主要考虑存储容量和存储速度问题,其电路设计如图 6-11 所示。存储器的具体型号为 SST25VF032B,该存储器属于 Flash 型存储器,且容量可达 215 位。电路设计过程中使 FLASH_CE、FLASH_SO、FLASH_SCK、FLASH_SI 四个端口与微处理器相连,便可实现数据的读写操作。此外,还应设置存储器的供电,其电压范围为 2.7～3.6 V。该存储器读写速度较快,支持快速读写和快速擦除功能。

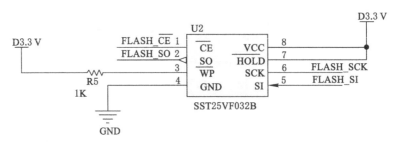

图 6-11　存储器电路

（6）自举电路设计

控制器工作过程中，首先需要设置启动方式，根据选择 BOOT 管脚的高低电平的不同组合，选择不同的启动方式，其电路设计如图 6-12 所示。工作过程中选择不同电平插排即可得不同的启动模式。管脚与启动方式之间的真值表如表 6-2 所示，STM32 中的 BOOT0 和 BOOT1 直接以插排与电源相连，可方便改变引脚状态，从而得到不同的启动形式。

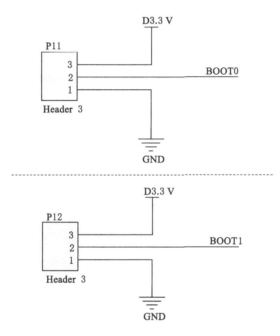

图 6-12　启动模式电路设计

表 6-2　启动真值表

BOOT1	BOOT2	启动模式	说明
—	0	主闪存	存储区域选择为主闪存
0	1	系统存储器	串口下载模式，系统存储器选择系统存储器
1	1	内置静态随机存取存储器	代码调试过程，选择内置静态存储器

（7）信号滤波和状态显示相关电路

为降低外界电磁信号的干扰，核心电路设计过程中采用滤波电路提高系统抗干扰能力，从而提升系统稳定性。在硬件系统中加入滤波电容，以吸收其他信号源中的电磁干扰成分，除滤波功能外还在输出端引入退耦电容，电路设计如图 6-13 所示。为保障系统运行的可靠性，在回路中增添独立显示的 LED 分别与电源状态引脚 PE2、PE3 相连，作为电源状态的监测，通过指示灯的状态信息判断电路状态是否正常，具体电路如图 6-14 所示。

（8）核心控制器引脚简介

基于微处理器的控制系统设计过程中，根据控制要求及控制原理对引脚进行分配，核心

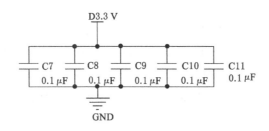

图 6-13　主控器滤波电路设计

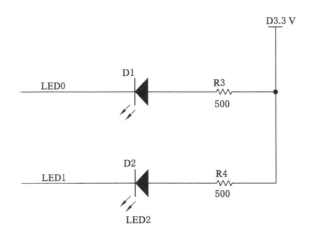

图 6-14　主控器滤波电路

控制器的引脚组成如图 6-15 所示,根据前述设计,图中展示了主要功能电路的接口形式,包括时钟、状态显示、复位电路、自举电路等的连接。

6.2.4　外围基本电路设计

上节中介绍了核心控制器的基本电路设计,为保障系统正常运行,还需围绕基本电路进行外围电路的设计。外围电路是核心电路的基本载体,设计过程中,主要考虑外围电路与被控对象之间的匹配。外围电路的基本组成如图 6-16 所示,主要包括油压、速度信号的采集,上位机的连接电路,油压及阀体的控制输出信号等。

外围电路的主要功能包括信号输入、输出控制及信号隔离与滤波,具体如下:

(1)信号采集电路:包括安全回路掉电信号、油压信号及摩擦轮旋转的编码信息等模拟信号采集。此外,还包括手动/自动模式切换、恒力矩/恒减速制动模式的切换、主/备用溢流阀的切换及泵/蓄能器切换的相关数字量信号采集,数字量信号可由上位机端设置,也可由手动按钮设置。

(2)驱动信号输出电路:根据算法计算得出换向阀、溢流阀对应的驱动信号大小,并由输出电路输出,此外还包括提升系统状态信息的实时监控显示,是上位机和下位机之间的通信媒介,并以指示灯的形式实时显示工作模式。

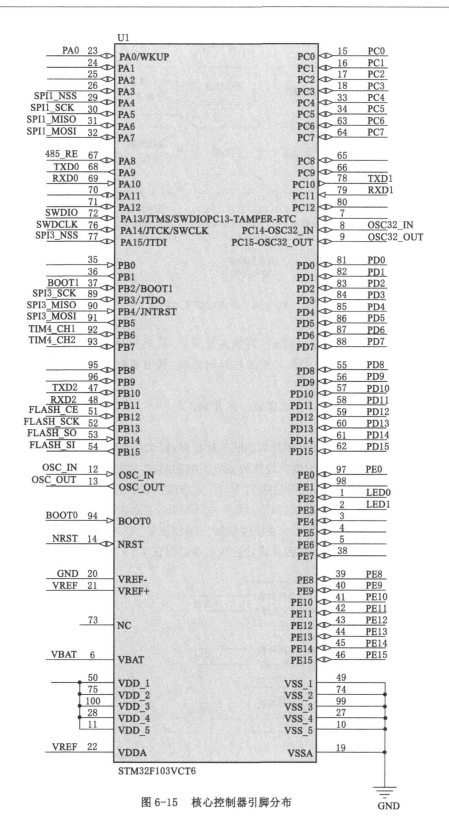

图 6-15　核心控制器引脚分布

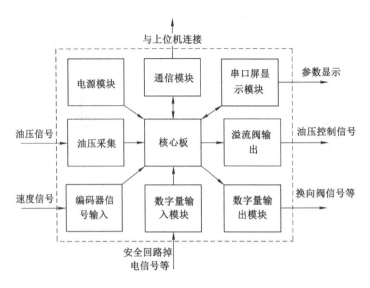

图 6-16　外围电路基本组成

（3）信号隔离和滤波电路：因信号类型多种多样，且运行环境存在诸多干扰，为保证控制系统的控制精度，避免外界干扰对控制过程的影响，利用滤波及隔离等抗干扰电路对信号作预处理。

下面针对每种电路的设计方法进行一一介绍。

6.2.4.1　外围分级供电电路

恒减速制动控制过程中涉及多种类型的芯片控制，每类芯片所需的电源也有所差别，为满足各个芯片的供电要求，将电源模块设计为多级供电的模式，以此提供不同电压范围的工作电源。供电方案如图 6-17 所示，主要包括 24 V/15 V 的电压转换，15 V 电压可为模数转换过程提供电源，并作为转换的参考电压；24 V/12 V 电压转换，主要为放大电路中的达林顿管提供电源；24 V/5 V 的电压转换，为 485 通信模块和三端稳压管 ASM1117-3.3 V 供电。所有电源转换都是源于 24 V 的外接电源，因此设计过程中务必保证 24 V 电源的电压可靠性。

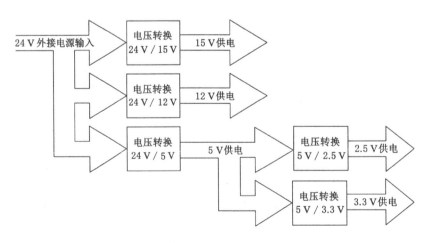

图 6-17　多级电路设计方案

（1）24 V/15 V 转换电路

采用金升阳科技公司生产的直流转直流电源芯片 WRB2415CS-2W，该芯片具有较宽的电压输入范围，可将 18～36 V 的电压转换至 15 V，同时还具有转换效率较高、功耗小的优点。此外，还可隔离输入/输出之间 1 500 V 以内的电压干扰，功率小于 3 W，当电流出现短路时，具有断电保护和自启动功能。该电源模块的电路如图 6-18 所示，主要包括供电输入和电容滤波输出。

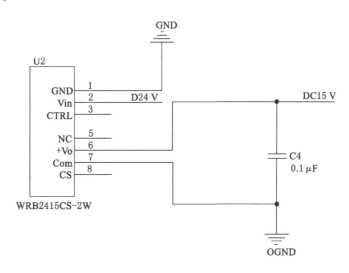

图 6-18　24 V/15 V 转换电路

（2）24 V/12 V 转换电路

根据电路控制需求，采用 ULN2803 较大功率的电磁继电器，因 12 V 电源需为后续驱动电路供电，驱动电路所需电压较高，且电流较大，采用 LM7812 三端稳压管作为稳压 12 V 的稳压元件。电路如图 6-19 所示，电路中采用 100 μF、0.33 μF 的电容接到电路输入端，去除耦合电源，以改善电压的稳压性能。此外，在电路输出引脚处接上 0.1 μF 的电容，以抑制系统中因载荷变化或工况干扰产生瞬变的电压波动。电路输入端接入 1 A 的过流保护电阻丝，该电阻丝有自恢复功能，当电流值大于 1 A 时自动断开，当电流值低于 1 A 时电路自动恢复。

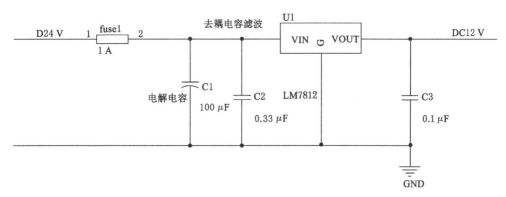

图 6-19　24 V/12 V 转换电路

（3）24 V/5 V 转换电路

RS485 通信模块、ADR435 模块、显示屏和三端稳压管之间都需要提供 5 V 的电压。其中 RS485 模块功耗较低，且当电流过低时自动关断。ADR435 为模数转换模块，转换过程中需提供 5 V 的基准电压，转换过程具有低功耗的优点，电流消耗低至 800 μA。液晶显示屏采用串口形式接线，当打开面板灯光时的功耗为 260 mA，当关断背光时功耗为 180 mA。三端稳压管的功耗与封装形式有关，最大不超过 80 mA。为此，采用图 6-20 中的芯片作为 5 V 稳压模块，该模块的最大输出功率可达 3 W，因此承受电流为 0.6 A，满足供电功率需求。为保障系统供电安全，同样在输入回路中加入 1 A 的过流保护熔断丝和输出端的滤耦电容 0.1 μF。

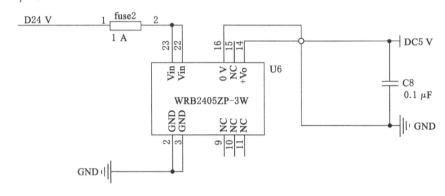

图 6-20　24 V/5 V 转换电路

6.2.4.2　低通滤波电路

传感器在检测有用信号的过程中除真实有用信号以外，还有可能接收到诸多噪声信号，噪声信号可能会降低信噪比，导致系统误判。此外，干扰信号可能会随传感信号的传输混入信号通道及隔离模块中，当混入噪声后会导致系统的控制精度降低，可从噪声源及噪声传输渠道中将其进行过滤[124]。为此，在模拟量信号输入控制系统之前，首先通过滤波器去除一部分噪声信号。

滤波器的主要作用为将不同频域范围内的信号滤除，降低信号中的噪声成分，从而提高信噪比，该设备适用于噪声频率和有用信号处于不同频率范围的场合。现场应用中，当存在噪声信号和有用信号混叠时，根据成分分析，直接将滤波器以滤波电路的形式添加到信号传输电路中，通过提升信噪比的方法，降低噪声信号的功率，从而提高系统控制精准度，从源头上解决恒减速制动控制过程中因存在采样误差而导致控制精度低的问题。若电路降噪效果不佳，可在控制算法中做进一步降噪处理。

提升机运行过程中可能产生的噪声信号主要为高频噪声，为降低信号对控制效果的干扰，采用低通滤波器将其高频成分滤除，保留低频信号。常用的方法为有源滤波和无源滤波两种类型，其中无源滤波可采用 RC 滤波器，通过设定电阻 R 和电容 C 的值，得以滤波。该滤波器频率选择过程需要大量计算，且计算结果常出现无理数，因此频率的选择性比较差。若滤波频率选择不当，将导致有用信号和噪声信号的功率均降低，因此一般用于系统性能要求不高的场合。相比之下，有源滤波器克服了上述缺点，能有效降低噪声成分而不过多改变有用信号功率，此外还容易构造高阶滤波器[125]。因此，对比两种滤波器的特点知，有源滤波器对传感器信号有更好的滤波效果。

有源滤波有较好的滤波效果,滤波器设计过程中涉及响应曲线、滤波阶次、电路构建、电路元器件选型及应用仿真等方面内容。

(1)响应曲线的选择

根据滤波原理可知,为保证良好的滤波效果,响应曲线设计过程中应使滤波器在通道区域内为一常数,在阻带范围内为 0,且过渡带越短越好,最好没有过渡带。此外,滤波器不能过度影响信号的动态响应特性,延时系数越低越好。通常情况,有源滤波器设计中,逐一增加滤波器的电路阶次,通过不断增加阶次,对电路中的选定的元器件逐一选择和调整,使滤波特性曲线与理想滤波器特性曲线接近。阶次逐一增加的方式不能完全获得理想的滤波器,逐步逼近过程中选择最接近的滤波曲线。

常用的逼近计算方法有切比雪夫和巴特沃思逼近[126]两种方法,二者在通带幅值频率特性、过渡带幅值频率和相位频率特性方面都有较好的逼近性能。结合滤波效果分析,选择响应曲线时,过渡带部分的斜率越大越好,理想过渡带的斜率应该为无穷大,即特性曲线与时间轴的夹角为 90°。通带部分的斜率接近 0,且优选值大于 1,这样有利于放大有用信号;相频特性容易造成信号失真,因此应保证不会对信号造成过度失真。如表 6-3 所示,综合对比两种逼近方法,因巴特沃思逼近方法通带内幅频特性平坦,过渡带的幅值频率特性曲线斜度较大,相频特性失真较小,因此选用巴特沃思逼近。

表 6-3　两种逼近方法对比

特性	切比雪夫逼近	巴特沃思逼近
通带内幅值频率特性	等起伏波纹	最平坦
过渡带幅值频率特性	倾斜度最大	倾斜度较大
相频特性	失真最小	失真较小

阶次为 n 时由巴特沃思逼近方法得到的低通滤波器幅值频率特性可表述为如式(6-4)所示,其传递函数如式(6-5)所示。

$$A(\omega) = \frac{K_p}{\sqrt{1 + \left(\dfrac{\omega_x}{\omega_c}\right)^{2n}}} \tag{6-4}$$

式中　n——滤波阶次;

　　　ω_x——角频率给定值;

　　　ω_c——折转角频率;

　　　K_p——通带增益值。

$$H(s) = \begin{cases} K_p \displaystyle\prod_{k=1}^{N} \dfrac{\omega_c^2}{s^2 + 2\omega_c \sin\theta_k s + \omega_c^2} & n = 2N \\[4mm] \dfrac{K_p \omega_c}{s + \omega_c} \displaystyle\prod_{k=1}^{N} \dfrac{\omega_c^2}{s^2 + 2\omega_c \sin\theta_k s + \omega_c^2} & n = 2N+1 \end{cases} \tag{6-5}$$

式中　k——巴特沃思低通滤波器的阶次,取值范围为 $1 \sim N$;

　　　s——复频率,$s = \sigma + j\omega$;

θ_k——相位值,计算如式(6-6)所示。

$$\theta_k = \frac{(2k-1)\pi}{2n} \tag{6-6}$$

当阶次 n 分别为 2、4、5 时,巴特沃思低通滤波器的幅值频率和相位频率特性曲线如图 6-21 所示,由幅频特性曲线的变化规律可知,随阶次的增加,幅频特性曲线趋近理想幅频特性曲线。而相频特性曲线随阶次 n 的增加,线性度逐渐受影响,阶次越大,线性度越差。设计过程中需综合考虑阶次增加后对幅值特性曲线和相频特性曲线的影响,包括曲线的滤波性能和线性度。

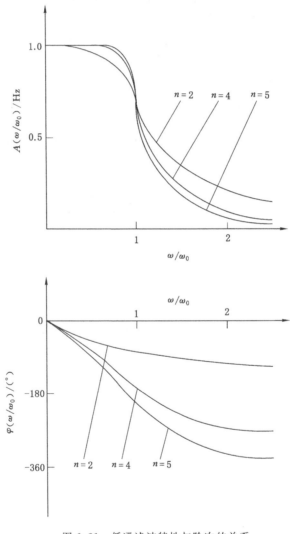

图 6-21　低通滤波特性与阶次的关系

(2) 滤波器阶次的确定

巴特沃思低通滤波器的幅值衰减和频率之间的函数关系如式(6-7)所示。

$$A_{dB} = 10\lg(1 + \Omega^{2n}) \tag{6-7}$$

式中　Ω——角频率之比,可由式 ω_x/ω_c 计算。

对式(6-7)以阶次为因变量计算反函数即可得滤波器的阶次,其计算如式(6-8)所示。

$$n = \frac{\lg\sqrt{10^{0.1A_{dB}} - 1}}{\lg \Omega} \tag{6-8}$$

根据设计过程中确定的油压信号,将滤波器的频率做归一化处理后有 $\Omega = 3.5$,此时对应的 $A_{dB} = 20$ dB,将值代入式(6-8)计算低通滤波器的阶次。

$$n = \frac{\lg\sqrt{10^{0.1 \times 20} - 1}}{\lg 3.5} = 1.834 \tag{6-9}$$

取整后得到滤波器的阶次为 $n = 2$。

(3) 电路结构的选择

无限增益多路反馈、双二阶环型和压控有源等电路都可作为有源滤波电路[127]。对应选用的二阶低通滤波器,选用无限增益型或压控有源型的滤波电路,如表 6-4 所示为两种电路的比较。通过对比,压控有源滤波电路具有结构简单、滤波性能较好、灵敏度高且所需元器件少等优点,在测控系统中有着广泛的应用,综合考虑后将其选为滤波电路。

表 6-4　滤波电路性能比较

电路结构	优点	缺点
无限增益型	良好的高频衰减,失真少,稳定性高	电容影响大,器件要求高,调整难
压控有源型	结构简单,性能较好,灵敏度较高,器件少	可能发生振荡,两电容值不同

(4) 元器件参数选择及滤波仿真

确定滤波器的阶次、滤波电路和滤波器的逼近方法后,需根据理论计算所需的电路元器件的相关参数。参数选择过程中,查阅液压元器件的相关性能参数可得,传感器的信号频率范围为 0～300 Hz,滤波器截止频率设定为 400 Hz,衰减大小为 3 dB,最大衰减位置为 1 400 Hz,对应衰减为 20 dB。因传感器对应的输出电压刚好可用 A/D 转换模块实现数字量转换,且转换电量无须放大,因此,滤波器设计中,将其增益设定为 1。

相关文献显示,归一化二阶巴特沃思低通滤波器双极电容取值如式(6-10)、式(6-11)所示,其中实部 α、β 的值均取为 0.707。

$$\begin{cases} C_1' = \dfrac{1}{\alpha} \\ C_2' = \dfrac{\alpha}{\alpha^2 + \beta^2} \end{cases} \tag{6-10}$$

由此计算出 C_1'、C_2' 分别为 1.414 F、0.707 F,频率变换系数的计算如式(6-11)所示,根据截至频率计算变换系数为 2 512。

$$F_{SF} = 2\pi f_c \tag{6-11}$$

阻抗系数 Z 取为 10^4,对电容去归一化后如式(6-12)、式(6-13)所示,代入数值后可得 C_1、C_2 分别为 56.3 nF 和 28.1 nF。

$$C_1 = \frac{C_1'}{F_{SF} \times Z} \tag{6-12}$$

$$C_2 = \frac{C_2'}{F_{SF} \times Z} \tag{6-13}$$

由标称电容值的取值范围,与计算值取最接近的量,即 $C_1 = 56$ nF,$C_2 = 27$ nF,电容误差在 ±5% 范围内。此外,电阻 R_1 和 R_2 的值均为 10 kΩ,误差范围为 ±1%,设计得到的电路如图 6-22 所示。为避免滤波电路出现自激振荡,在滤波电路反馈环节接入 R_3、C_3,其中电阻 R_3 为电阻 R_1 和 R_2 之和,电容 C_3 的取值范围为 0.001~0.1 μF,为保证无振荡产生,在此选 $C_3 = 0.1$ μF。此外,为保证滤波效果,选用 OPA227 型放大器,进一步保障滤波的精度同时降低噪声干扰。

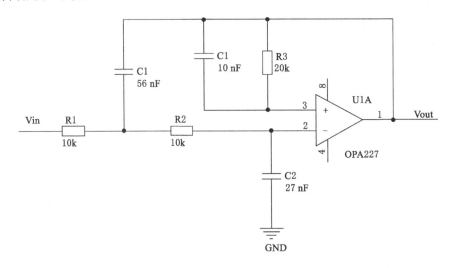

图 6-22　油压传感器滤波电路

利用 Filter Solutions 软件不仅可对滤波电路进行设计,同时还可对滤波效果进行仿真分析,其功能强大,不仅可以对有源滤波器进行仿真分析,还可用于无源滤波器,此外还可针对仿真对象对元器件进行调整和参数的自动匹配。

利用该仿真软件对设计好的滤波器进行建模以对设计的滤波器进行仿真分析,如图 6-23 所示为所设计滤波电路的仿真曲线,包括幅值频率特性和相频特性。根据仿真结果可知,当频率为 0~300 Hz 时,信号无衰减,有较小的相位误差;当频率为 400 Hz 时,信号衰减为 3 dB;当频率为 1 400 Hz 时,信号衰减达 20 dB。由仿真结果可知,所设计的滤波器满足滤波的性能要求。

6.2.4.3　油压采集及隔离电路

提升机制动运行过程中,制动的压力信号由油压传感器获取,为降低信号获取过程中外界电磁信号的干扰,将隔离电路融入信号采集电路。信号采集的核心作用是将模拟信号转换为数字信号,因此核心芯片为 A/D 转换芯片,其精度与转换速度直接影响到系统的动态响应性能,因此,选择适合的 A/D 转换芯片对信号采集至关重要。以下分别就采集电路与

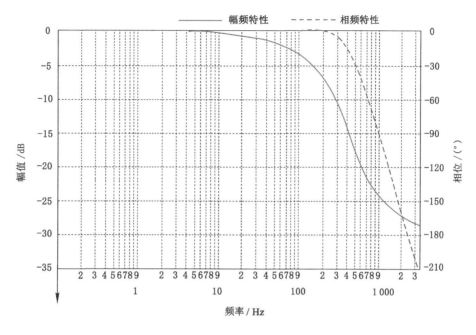

图 6-23　滤波电路仿真曲线

电磁隔离电路的设计做详细阐述。

（1）油压信号采集电路

信号采集电路由基准电压电路与 A/D 转换电路组成，为提高信号的采集精度与采集速率，采用由 AD 公司生产的专用转换芯片，转换位数为 16，采用差分信号模式采集，且其为双通道的逐次逼近的 A/D 转换芯片（AD7903）。该芯片可实现 16 位转换精度的模拟信号采集，且无失码，最高吞吐速率可达 1 MSPS，即每秒采集次数为 100 万次，转换时间可达500 ns，可广泛用于工业设备检测、数据采集、同步采用等领域[128]。

转换芯片以差分接入的方式将模拟量采样转换为数字信号，该输入方式不同于普通 A/D 转换方式，通过差分输入的形式对信号传输过程中产生的共模噪声进行抑制，从而提高系统的抗干扰能力。以 SPI 总线协议将传感信息的数字信号传输给处理器，并在处理器中完成计算及控制信号输出。该传输协议与普通传输形式不同，传输过程中利用三线、四线便可实现 18 M/s 的传输速率进行传输，在保证传输速率的前提下还节省了接口资源。AD7903 模数转换芯片的基本原理为利用电荷再分配实现双通道逐次逼近，将输入的二进制数字量在存储电容阵列中重新分配，通过对比，将基准电压范围内的模拟量输出到系统中，实现过程简单，且精度较高。

如图 6-24 所示为油压信号模拟量采集电路。模拟量采集过程中以 ADR431 的输出电压作为模数转换芯片 AD7903 的基准参考电压，此基准电压为 5 V。ADR431 芯片为 XFET 序列的基准电压元件，基准电压输出精度高、噪声小且具有低温零漂移的优点，是 AD7903 芯片基准 5 V 电压源的不二之选。根据 AD7903 电源接口，将电源引脚通过 $VDDx$ 和 $VIOx$ 与基准电压源连接，其中 $VIOx$ 引脚作为芯片的内核电源，接入电压范围为 1.8～

5.5 V,VDDx 为二进制量的 I/O 电源接口,该值一般取为基准电压的 0.5 倍,此时的模数转换性能最好,因此,该端口接入的电压值为 2.5 V。

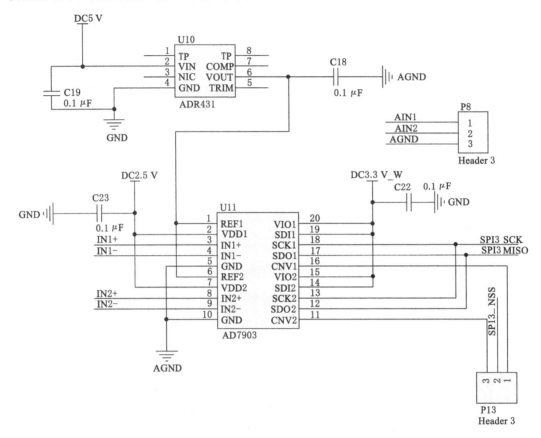

图 6-24　油压传感器模拟量采集电路

（2）隔离电路

提升机运行环境复杂,且周围均为大功率的煤矿机电设备,容易产生复杂且强度较高的电磁干扰。干扰信号随输入/输出接口传输到微处理器中,在微处理器中容易引起数据处理错误、错误指令的发布和错误数据的输出。提升系统运行状态实时监测过程中,错误的信号有可能会被误判为故障,严重情况下还有可能导致误操作,影响人员安全。为防止该危险的发生,在模拟量信号接入的地方采用抗干扰电路。此外,为保证信号传输的稳定性,需将0～5 V 的电压信号转换为4～20 mA 的电流信号进行传输,采用 ISO4-20 mA 型隔离放大电路对 AD7903 芯片进行电路隔离。为方便对传感信号的统一采集,将所有传感器的检测信号均转换为电流信号。

ISO4-20 mA 为一种通用的无源型隔离器,采用两线制接线方式,其作用为将电压输入信号转换为电流型输出,0～5 V 对应 4～20 mA。如图 6-25 所示为该模拟量信号隔离芯片的电路接线,即采用两线制方法,不需外加电源,且能够最大程度简化用户设计,是的布线成本大大降低。

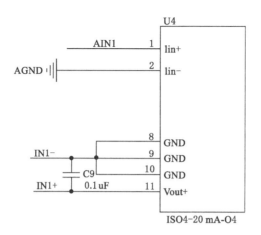

图 6-25　模拟量信号隔离电路接线

6.2.4.4　溢流阀驱动电路

比例溢流阀驱动过程中,输出电压需要经 D/A 转换芯片将数字量转换为模拟量对溢流阀进行驱动。因恒减速制动控制过程对动态响应要求较高,因此数据实时处理要有较快的处理速度。基于 STM32 微处理器,采用 SPI 总线实现模拟量到数字量的转换。该总线方式为一种快速的串口通信接口,其最高传输速率为 18 Mb/s,数据传输过程仅需四根线,一方面节省布线空间,另一方面电路设计简单。除此之外,电路设计过程还应考虑控制信号之间的相互匹配和功耗问题。

D/A 转换器安装在 STM32 输出与溢流阀驱动器之间,将系统控制算法计算得到的数字量通过数模转换转换为可驱动溢流阀的电压信号,由此实现溢流阀开口大小的调节。利用 DAC7714 将数字信号转换为电压信号输出到电液比例溢流阀的驱动端口,使得阀芯位置得以调节。该转换芯片的电压输出范围刚好与溢流阀的控制电压匹配,电压范围为 $0\sim10$ V。此外,该芯片还包含 4 路相同的 12 位串口输入/输出电压电路,每个电路由 R-2R 结构组成,转换实时性较好,平均转换时间为 $(10\pm0.001\,2)$ μs。接线过程中可采取 $+15$ V/-15 V 两种供电模式,也可选用外部参考电源,因此,其电压输出范围可以是 $0\sim10$ V 之间的任意电压值[129]。

为保障转换精度,利用 REF5010 芯片为 DAC7714 提供 10 V 的基准电压。将多级电压输出的 $+15$ V 电压作为芯片电压的基准,将模拟量信号与芯片的两个输出端相连,从而实现数字量到模拟量的转换。芯片的控制逻辑真值如表 6-5 所示,表中,A0 和 A1 分别表示 16 位数据中的最高两位数,通过两个最高位的不同组合形式得到不同的通道选择。转换芯片 DCA7741 的 $\overline{\text{RESET}}$、$\overline{\text{LOADDACS}}$引脚分别与微处理器 STM32 的 PD13 和 PD14 相连,片选通道$\overline{\text{CS}}$接口与 SPI 的 NSS 接口相连,时钟引脚 CLK 与 SCK 引脚对应,SDI 引脚与 MOSI 对应,由此奠定驱动程序的开发基础。将复位端口 RESETSEL 接地构成低电平复位的模式,且初始值设置为 000H。所设计的溢流阀数据转换电路如图 6-26 所示。

表 6-5　数模转换芯片控制真值表

A0	A1	$\overline{\text{LOADDACS}}$	$\overline{\text{RESET}}$	选择的输出寄存器	寄存器状态
0	0	0	1	A	转换
1	0	0	1	B	转换
0	1	0	1	C	转换
1	1	0	1	D	转换
X	1	1	1	NONE	全部锁存
X	X	X	0	ALL	全部复位

说明:0 代表低电平;1 代表高电平;X 代表低电平或高电平。

6.2.4.5　提升机转速检测电路

（1）编码器脉冲输入电路

为避免编码器信号受运行环境的干扰,利用光电隔离电路将编码器信号做隔离处理,对应编码器的 A、B 两相分别设计输入隔离电路,并将两路编码脉冲信号分别输入至微处理器的 TIM4_CH1 和 TIN4_CH2 端口,读入值分别为编码器的脉冲数量和脉冲频率,分别表示旋转位移和旋转角速度的源数据,如图 6-27 所示为编码器脉冲输入电路。实际计算过程中由提升机的摩擦轮直径、编码器的脉冲特性等相关参数计算提升容器的位移值和速度值,可进一步将位移值与提升容器所在的竖井位置建立起数值关系,将转速值换算为提升容器的加速度。此外,电路中的 TLP521-2 为编码信号的光电耦合隔离电路,可进一步起到抗干扰的作用。

（2）数字量输出电路

数字量输出包含指示灯和液压元器件开关量两大部分,其中指示灯部分包含恒减速制动模式指示、恒力矩制动模式指示、泵供油模式指示、蓄能器供油模式指示、主动溢流阀工作模式指示和备用溢流阀工作模式指示等几种。液压元件部分主要包括液压泵站启动/停止开关量,备用电路启用开关量和停止开关量,电磁阀 G1、G2、G3、G4 的开和关控制,存在故障阈值时启动故障报警的开关量,主动溢流阀和备用溢流阀的切换开关等数字量输出。

图 6-28 中展示了数字量输出电路,并通过指示灯显示输出状态,当指示灯发光时证明继电器接通。利用 STM32 的 PE8-PE115 输入/输出引脚进行控制。图中 LED 为输出量的状态显示,信号由继电器 G3VM-61A1-D1 转换为匹配的电压后输出,该继电器常用于小电量模拟电路的通用继电器,主要组成部分为晶体场效应晶体管。作为光电隔离电路的输入/输出媒介,电路限流一般小于 $1\ \mu\text{A}$。通过短路帽连接 P3 不同的引脚选择不同的功能,当连接 P3 的 1 和 2 时,将继电器选为 24 V 直流电源供电的形式,可直接驱动外接 24 V 的电路负载。当短接 2、3 接口时,将继电器选为电路直接输出方式。此外,为保障电路安全性,在电路中接入 $60\ \Omega$ 的限流电阻,并在另一输出端接入 1 A 的自恢复式保险丝,当电路过电流时自动切断。

数字量输出电路主要控制液压系统个液压元件的动作切换,从而实现恒力矩制动与恒

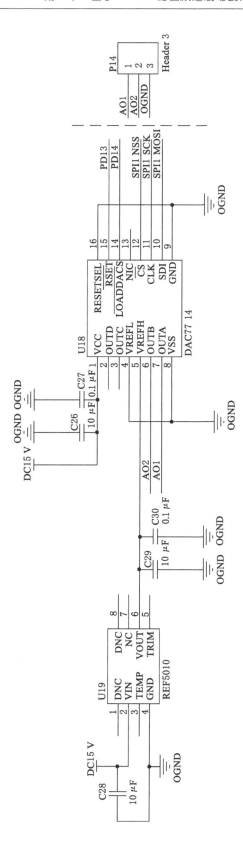

图 6-26　溢流阀数模转换电路

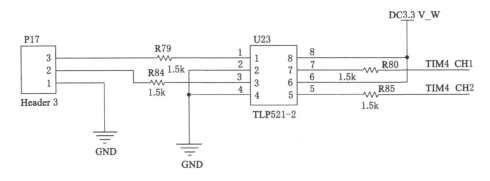

图 6-27 编码器脉冲输入电路

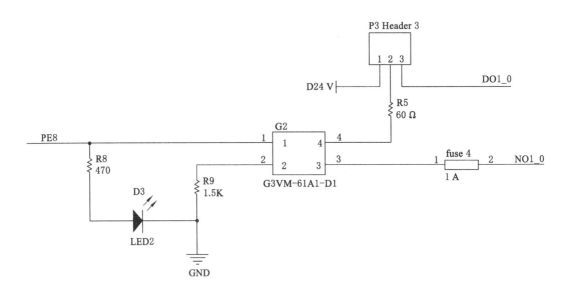

图 6-28 继电器数字量输出电路

减速制动功能的相互切换。为保障电路切换的可靠性,选用 G5NB 型功率继电器作为开关量的切换,该继电器具有高功率、高灵敏度的优点,且最高承受电压为 10 kV,其电路设计如图 6-29 所示。

为减轻 STM32 微处理器的驱动负担,引入 ULN2803 作为输入输出口的驱动芯片,其电路如图 6-30 所示。将微处理器的输入/输出端口 PD0~PD7 接入驱动芯片的 X0~X7。驱动芯片接线过程中将 GND 端接地,COM 端接入 12 V 的直流电源。为降低能耗,也可将 GND 端由微处理器控制驱动接通与断开。

(3) 其他电路

其余输入信号包括安全回路掉电、位置检测、元器件运行状态、手动/自动切换、恒力矩/恒减速制动控制、泵/蓄能器供能切换、主溢流阀/备用溢流阀切换等状态信号的输入。信号通过 24 V 继电器驱动后输入到电路中,并由电阻实现分流,每路信号由 LED 指示灯显示各

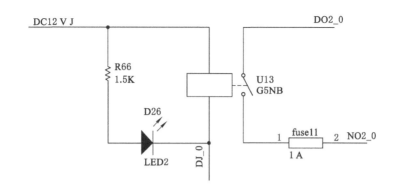

图 6-29　液压回路切换电路

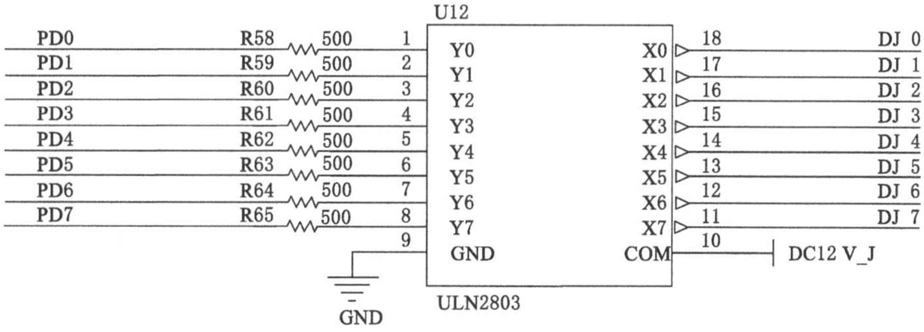

图 6-30　输入/输出驱动电路

路信号的状态。输出端由微处理器的 PC0～PC7 实现信号的输入/输出控制,并接入 TLP521-4 实现光电隔离。因控制信号大于 4 路,因此采样两片该芯片组成隔离电路。其电路设计如图 6-31 所示,图中显示了 4 路光电隔离输入/输出电路,每路都采样独立的隔离模式。

6.2.4.6　人机交互接口电路

人机交互接口电路主要完成上位机与底层硬件之间的通信及减速制动系统的相关参数的监测显示,主要包括 485 通信协议接口电路和显示屏的串行接口电路。

（1）485 通信协议接口电路

485 通信接口为传统典型的串行总线通信方式,在设定时间内主要以数据传输为主,是目前较为成熟的通信接口之一,恒减速制动控制系统中选用该通信模式实现上位机和下位机之间信息传输。考虑到提升机运行环境的较为复杂,且信号容易受干扰,为保证在此环境下信号传输的实时性,选用美信公司生产的 MAX485 作为通信元件。该通信模块可在复杂强干扰环境中进行数据传输,且数据最高传输速率可达 2.5 Mb/s。其内部主要分为数据接收模块和数据驱动模块,分别对应信号的输入与信号的放大输出。通信模块工作之前,首先在使能端口将芯片唤醒,此时可进行数据的传输。当芯片处于非工作状态时,数据端口处于高阻状态。此外,芯片最大抗冲击电压可达±15 kV,有较强的抗干扰能力[130]。

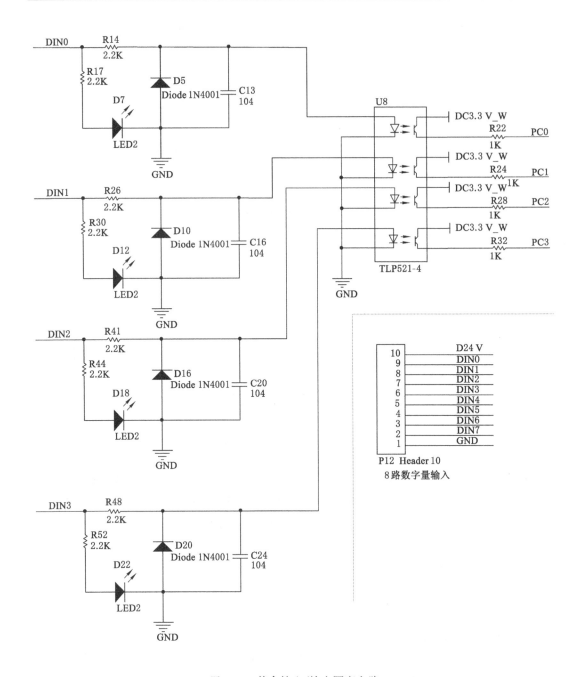

图 6-31 其余输入/输出隔离电路

通信过程中,需要为芯片提供+5 V 的电源,基本工作原理为:数据传输至该芯片时,由芯片将数据信号转换为差分电平的形式,进一步通过 RE、DE 两只管脚上的数据变化来辨别信号的输入/输出,当 RE 有效时选择数据读入,当 DE 有效时选择数据输出,RE 管脚为低电平有效,DE 管脚为高电平有效。芯片工作过程为半双工工作方式,为电路设计方便,也可将 RE 与 DE 串接,并接入微处理器的 PA8 端口。数据使能端口确定后,可直接从 RO

和 DI 端口进行数据的传输,其中 RO 管脚为数据的输出端,DI 为数据的输入端,分别由
TXD0 与 RXD0 控制。485 芯片由端口 A 接收外部数据,端口 B 发送数据至外部设备。如
图 6-32 所示为该芯片的电路设计,当 A 端口的电平高于 B 端口时,发送数据自动切换为 1,
即高电平;当 A 端口的电平低于 B 端口时,发送数据则为 0,即为低电平输出。

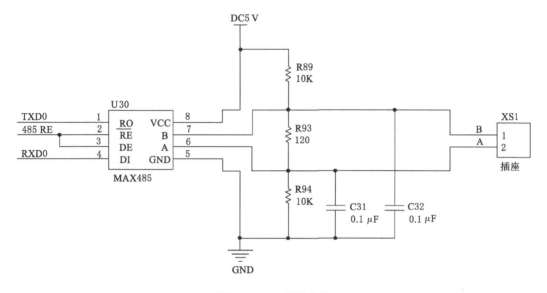

图 6-32　485 通信电路

（2）显示屏串口传输电路

为更方便实现恒减速制动系统的电路设计,降低硬件电路系统的设计难度,显示屏
采用串口传输的模式。工业用的串口显示屏无须再进行底层硬件驱动的开发,可方便为
用户提供设计所需的显示图库,开发过程中仅需结合所需进行界面设计。具体型号为
LCDZTP,包含供电管脚、显示信号传输管脚及芯片的状态管脚。应用中,将硬件驱动软
件安装至上位机,从而实现上位机与底层电路之间的通信,并实现控制系统所需的相关
显示。该显示屏还有开发周期短、通信功能健全,且开发难度低等优点[131]。所设计的串
口显示屏电路如图 6-33 所示。

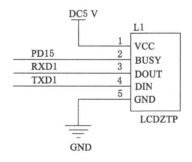

图 6-33　串口显示屏电路

6.2.5 PCB 电路板封装

Altium Designer 是继 Protel 电路设计软件之后的另一款电路设计软件,该软件是将设计、仿真、调试、程序下载等集为一体的电子产品开发系统。基于该软件可完成电路原理图的设计,当进行电气设计规则检查无误后,将电路图导至 PCB 印制模式。PCB 模式即为在软件中实现电路板的设计,将上述设计的各个电路环节进行整合,并在一定电气规则模式下进行电气连接。设计中,对贴片形式的芯片保留元件的外形尺寸,对于插装式的芯片保留芯片管脚的插接位置。设计过程中,逐一根据元器件的设计手册,结合电气元件的封装尺寸,完成 PCB 电路板的封装设计,因涉及的元件种类较多,在此不赘述。

由电路设计过程可知,恒减速制动控制电路设计中主要涉及数字电路和模拟电路两大类。出于控制需要,数字电路与模拟电路要求有较高的采样率,加之数字量变化极快且模拟量具有较高的灵敏度,因此,电磁干扰为电路设计中存在的突出问题,电磁兼容设计为 PCB 板的重中之重。加之煤矿运输环境恶劣,电磁干扰容易导致设备误判,甚至工作异常,指示可靠性大大降低,直接影响到系统的稳定性,因此,电流板设计过程中尽量减小甚至消除电磁干扰。

电磁兼容性设计在控制电路中尤为重要,具体表现为所设计的系统能够过滤电磁干扰,允许一定的电磁干扰存在,但通过兼容性设计可将干扰降低,甚至全部滤除。通过兼容设计,一方面保证提升机的制动正常,另一方面还对电磁干扰环境有一定的兼容性,即具有对电磁噪声的抗干扰能力。换言之,前述所设计的硬件电路需集成到同一块 PCB 板上,各元器件很有可能会产生电磁干扰信号,所谓电磁兼容设计就是指使各元器件能正常工作,且能排除元器件之间的互相干扰。除了自身产生的干扰信息外,系统还受外界电磁信号的干扰,因此,PCB 板具有本身电磁兼容性的同时,还应对外界产生的电磁干扰也具备兼容性。

根据分析,PCB 板中主要的电磁干扰包括电信号传输过程中产生的传导干扰和电磁辐射干扰,PCB 板设计过程中主要从去耦电容的设计、元器件的合理布局、共地端的设置等方法降低电路中产生的电磁干扰。

(1) 去耦电容

将所有电路的输入/输出部分并入 $0.01\sim0.1\ \mu F$ 的电容,以此作为去耦电容。加入去耦电容后,可以减弱或消除电路中由电源输入端所引入的电磁干扰。电源刚启动时,因受脉冲电压的影响,容易造成较大的电源噪声,该噪声干扰会随电路往后传输,使整个电路均受影响。此外,电路中存在的电源损耗使得电压存在一定压降,该变化的电压也会产生一定的噪声干扰,该干扰耦合在高、低电平之间。为此,通过在电路中设置去耦电容,降低电路中产生的冲击噪声干扰,从而提高电路系统的抗干扰能力。

(2) 元器件的合理布局

完成控制原理图的设计之后,在 PCB 设计过程中,根据元器件之间的逻辑关系,合理布局元器件的电路走线。通过合理调整电路元器件之间的距离、方向、位置等,实现电磁兼容性设计和抗干扰能力的提高。因模拟量信号与数字量信号之间的差异性,若将两种信号混在一起进行传输,相互之间将存在干扰。因此,PCB 布局中,考虑将数字量信号与模拟量信号电路相互隔开。此外,根据传输信号的频率特性,将高、低频率的信号分开布局。因大电流电路会对小电流电路产生干扰,因此,电路布局中考虑将大电流元器件与小电流元器件分离,即将电流较大的元器件供电及信号输出布置在一起,电流较小的元器件单独隔开。由此,最大限度降低电路元器件之间因频率、信号大小、信号性质等不同而产生的耦合干扰。

（3）共地端接线布局

为提高系统硬件电路的可靠性,安全可靠的供电电源系统是电路稳定运行的保障之一,为使电路系统有稳定的供电电源,合理布局电源走线的同时还引入共地接线。当电源流经地线时,因传输过程存在一定阻抗而使电流形成闭环,从而导致环流干扰。此外,若简单地将所有元器件共地处理,则会使元器件之间形成公共阻抗,从而产生干扰。为解决以上问题,共地电路设计过程中,将模拟量电路与数字量电路之间共地端独立连接,并在每路共地支路接入阻值较小的电阻,电阻接近 0 Ω,由此抑制闭环电流的产生,从而较好地抑制噪声干扰。电路设计如图 6-34 所示,采用较小电阻的屏蔽铜线独立接地的方式实现屏蔽电磁干扰。

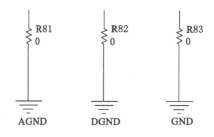

图 6-34　共地端接线电路

除此之外,为进一步保障电路的稳定可靠性,在电路走线中基于以下原则进行设计。将 PCB 板采用上下两层设计,每一层之间以垂直、弯曲或者斜交方式走线,以此进一步降低寄生耦合的产生。因电源电路在 90°角顶位置容易产生电荷积累,当电荷变化时易产生电磁波,从而降低电路的抗干扰能力,因此,在设计电源层时,VCC 端与 GND 端的走线杜绝 90°走线的方式,尽量采用 45°转折走线或圆角走线的方式。相比之下,45°角和圆角走线方式有更好的电磁兼容性[132]。此外,根据信号线的不同,在信号线、电源线和地线的设置上根据不同类型、不同电流大小选择不同的布线宽度。具体原则为,当满足电路板的宽度条件和线路布局许可的情况下,尽量将线宽加宽,由此降低 PCB 板中导线的阻抗;根据 PCB 板的尺寸与元器件之间的布局情况,选择 1.3 mm 的布线宽度提供给 24 V 电源的供电需求。

根据电路控制原理图和电路仿真结果,结合电路板的设计原则,完成 PCB 板电路的设计,例如核心处理器 PCB 板的设计结果如图 6-35 所示。为直观展示外围电路的电路结构,将其以三维模型展示为如图 6-36 所示。

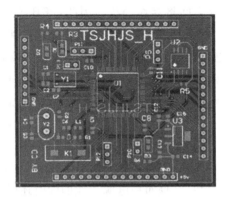

图 6-35　核心处理器 PCB 电路

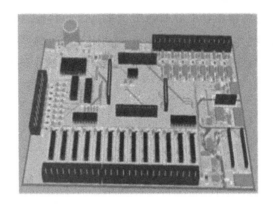

图 6-36　外围电路三维模型

6.3　本章小结

（1）综合分析了提升机恒减速制动控制系统的国内外研究现状，对比分析了 PLC 控制与嵌入式系统的控制差别，并基于嵌入式 STM32 提出恒减速制动的控制方案。将控制系统划分为人机界面、嵌入式控制电路、信息检测传感装置和控制对象等几大部分，从系统的动态响应快速性、信息处理能力、可靠性分析及系统的工业实用性等角度阐述了系统硬件电路的设计方案。

（2）采用双极板插接的方式，将控制电路分为核心主板与外围电路两大部分，并利用插接方式连接，以便系统的调试和升级改造。对油压传感器的检测信号进行拟合修正，进一步改善油压传感器检测信号的准确性。通过拟合计算，将采集到的油压信号进行重新计算，并对计算值做进一步算法设计。

（3）以 STM32 为核心处理器，针对电路的滤波功能、驱动电源、程序下载功能、数据存储功能、复位功能及运行状态的实时显示功能进行相应电路设计。并采用多级电压设计模式，完成从 24 V 电压到 12 V，24 V 到 12 V，24 V 到 5 V，24 V 到 3.3 V 等不同的电压输出电路设计。

（4）根据控制要求，完成了巴特沃思低通滤波器的电路设计，其滤波器的阶数值为 2，并选用压控型的有源滤波电路作为滤波电路，根据设计的滤波电路完成滤波效果的仿真。此外，还完成了油压信号的光电隔离电路、溢流阀的输出放大驱动电路、485 通信显示电路等的设计，并采样隔离模块实现编码器信号、数字/模拟量信号的输入/输出电路设计。

（5）根据控制系统所处环境，基于电磁干扰兼容性原则，完成了 PCB 板的设计，在电路中加入去耦电容进行降噪处理。根据元器件之间的逻辑关系，合理布局元器件的电路走线，通过合理调整电路元器件之间的距离、方向、位置等，实现电磁兼容性设计和抗干扰能力的提高。

第7章 基于 STM32 的恒减速制动软件系统

硬件系统是恒减速制动控制系统的框架支撑和控制软件的基本载体,所有软件运行都基于硬件框架进行,而软件系统为整个恒减速制动系统的控制思想和控制理念的载体。前述内容完成了恒减速制动系统硬件系统元器件的选型和对应电路的设计,下面将基于所设计的硬件结构系统进行控制算法及控制软件的设计。基于嵌入式的恒减速制动控制系统主要包括硬件驱动系统和上位机组态界面的人机交互两大部分,其中硬件驱动部分又包括用户应用程序和输入/输出控制程序。一个完善的控制系统仅有电路稳定性是远远不够的,只有充分发挥软件和硬件结构的功能,同时加上软硬件结构的合理调配和功能互补后才能体现所设计的恒减速制动控制系统的优越性,实现控制系统的快速响应特性和减速度的精确控制。

7.1 控制系统软件设计方案

软件系统基于硬件系统进行设计,其目的是完成恒减速制动控制的具体功能。与硬件系统对应,软件系统的主要模块包括数据采集、数据的输入/输出控制、操作界面监控、故障实时监测及报警以及上位机与下位机之间的通信。基于前述所设计的硬件电路,对恒减速制动控制系统软件部分进行如下的需求分析。

(1) 油压传感器、编码器信号采集

恒减速制动控制过程输入的核心信号包括制动系统的油压信号与提升速度检测的编码信号,两类信号分别由油压传感器与编码器检测获取。由软件获取 A/D 转换模块得到的数字量,并对其进行编程计算,同时将编码器的脉冲信号采集到系统中,通过计算将其变换为速度信号。

(2) 减速度换算值的精度保证

在机械传动系统中,速度检测与速度换算为常用的运行状态分析手段,提升机的恒减速制动控制中,减速度是尤其重要的参数。减速度可由对速度进行差分计算或将速度对时间进行微分得到,其中差分形式计算过程简单。差分计算过程中容易将编码器采集到的脉冲信号误差进一步放大,即造成速度换算的离散化误差较大,从而导致减速度的计算值精度不足。因此,怎样提高减速度的换算精度为软件设计过程中的一个重、难点。

(3) 精准输出溢流阀控制信号

油压的控制通过控制电压信号对阀芯位置进行控制实现,电液比例溢流阀的阀芯位置变化时,油压值也随之调整。比例溢流阀的开度大小直接决定了系统的油压值,而开度大小由驱动电信号决定,利用给定减速度与实际减速之间的差值换算得到该驱动信号的大小。因换算过程较复杂,为保证系统的动态响应特性,在传统 PID 控制算法的基础上加上模糊控制策略,将模糊 PID 控制算法引入控制系统的反馈函数,从而解决难以精准建立系统传递函数的问题。引入模糊控制算法后利用模糊控制理论实现减速度值的精准控制。

（4）恒减速制动控制系统运行状态实时监测与故障监测

恒减速制动控制系统的运行状态监测主要包括油压系统与电动控制系统的实时监测,任何油压元件和电动控制元件都有可能出现故障,故障主要在电液比例溢流阀上表现。因此系统的运行状态及故障监测均可由对比例溢流阀的实时监测实现,通过比例溢流阀实时状态分析得出系统的运行是否正常,若比例溢流阀的监测曲线出现偏差,便可判定系统出了问题。

（5）上位机与下位机间的通信

上位机与下位机之间的通信目的为实时反应底层硬件的运行状态。为便于观测系统的运行状态,应该在上位机中设计监控界面以及外部控制操作。当系统出现异常或者需要对下位机进行控制时,可直接在操作界面上显示或将参数设置到硬件系统中。

（6）软件模块化设计及兼容性

恒减速度控制系统软件开发中,因系统需要完成的功能较复杂,微处理器需要处理的数据及相关程序较多,为便于设计,同时方便后续对系统的功能扩展和增强程序的可读性,采用模块化设计各个功能,以此保证以上功能的同时,使得编程变得有逻辑和有条理。通过模块化的设计,当需要进行系统移植时,仅需更改软件系统的接口便可提升系统的兼容性。

根据恒减速制动控制的软件设计需求分析,软件的主要功能模块分布如图 7-1 所示。根据恒减速制动控制的要求,将软件的功能模块划分为信号采集、系统输出信号控制、运行状态监测与故障实时监测及报警、人机交互界面、恒减速制动控制核心算法等功能模块。采用自上而下的设计理念,其中信号采集模块采集的信号包括油压信号与编码器信号,利用系统核心算法计算得到的溢流阀驱动电压信号来控制阀芯的开度,从而控制系统的液压值。人机交互界面包含底层硬件系统的运行状态实时显示与控制参数的设置。软件设计过程中,通过各个功能模块的代码编写提高系统运行的简洁性和相同功能代码的可移植性。软件设计中,为保证实时响应特性,采用中断程序的方式,提高系统对多线程任务的并行处理能力。当各个功能模块设计调试完成后,将其进行封装,并将程序的功能端口和参数设置端口预留,以保证各功能模块的兼容性。

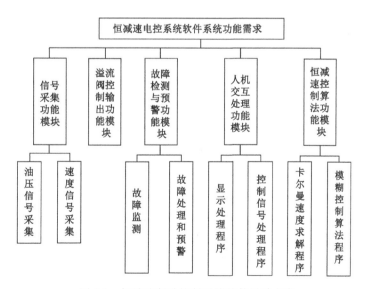

图 7-1　恒减速制动控制系统软件设计方案

7.2 各功能模块的设计

7.2.1 软件开发环境

恒减速制动控制软件开发过程中选择适当的开发环境有利于后续工作的开展,基于 STM32 微处理器,利用 RealView 软件为软件系统搭建开发环境(图 7-2)。利用该软件,可将 C 语言或者汇编语言通过转换为微处理器可直接执行的二进制文件,以减小代码体积,从而释放微处理器中的存储器空间。

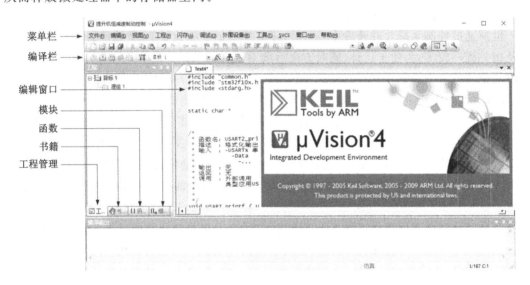

图 7-2 恒减速制动控制系统软件开发环境

恒减速制动控制系统软件开发主要步骤如下。

(1)建立工程项目

在文件下拉菜单中选择"新建工程项目"(英文菜单为 New μVision Project),建立工程项目后保存到项目存放的硬盘。建立工程项目过程中注意选择对应的微处理器芯片型号,以自动生成激活代码。此外,在文件菜单栏中选择"新建"按钮,可直接创建新的应用代码。在工程项目窗口点击右键,可添加 User、RVMDK、CMSIS、StdPeriph_Driver 等分组,每个分组中可根据需要自由添加芯片对应的库函数,包括主函数、驱动函数等硬件运行所需的函数代码。

(2)配置编译环境

在"工程"菜单栏下选择目标选项,在该界面中完成信息设置,包括目标芯片的型号、存储的目标文件类型、输出信息、程序代码类型、连接器以及调试器等。在编程界面中的"定义"菜单栏中添加"USE_STDPERIPH_DRIVER,STM32F10X_HD",并在"包含路径"中将所需文件夹的地址都添加到包含路径中。

（3）目标程序的编译与调试

控制系统的代码编译与调试是整个恒减速制动控制设计的核心内容,其主要工作在编辑窗口进行,可在编辑窗口检测代码格式、逻辑等是否有误,在调试完成后可将程序代码保存为.c 或者.h 文件。

7.2.2　嵌入式操作系统

目前,嵌入式操作系统因其优越的计算能力和控制精度,被广泛应用于各类工业控制领域。为实现恒减速制动控制系统开发的便捷,设计过程中需保证操作系统具备完善的存储系统和存储器分配原则,此外,还应包含中断响应系统、各个任务之间的通信、定时器功能以及多线程多任务处理的功能,同时还应保证其运行可靠性和稳定性,嵌入式操作系统可方便的满足以上条件[133]。嵌入式操作系统还可对应用程序进行实时编程,以及对功能模块进行扩展,在功能程序中只需进行对应的改动便可完成新代码的引入,由此大大提升了系统开发的效率,从而进一步缩减了系统的开发周期,此外还可方便地进行后期的维护、系统升级与功能扩展。任何嵌入式系统在出厂前均应经过严格的性能检测,由此保证其可靠性和稳定性。

操作系统应根据系统功能任务的划分,结合系统的任务复杂程度来进行选择。若提升机的恒减速制动控制系统较为简单,控制系统仅需处理单一的数据信号,则可通过普通的中断功能加上循环程序便可实现其主功能。但该过程常因人而异,导致控制程序混乱,控制效果不佳,且系统难以维护,功能升级复杂,从而导致功能受限。提升机在进行恒减速制动控制过程中,具有油压信号和编码信号的采集、电磁阀控制信号的输出以及外部控制信号响应等多项同步处理任务,这就要求系统满足多任务实时处理和任务调度的功能。μC/OS-II 具有实时处理的功能,作为嵌入式操作系统,其代码均为开源的,同时还满足多任务抢占式的功能,此外,该操作系统还可实现系统移植、系统固化和系统裁剪的功能,因其较高的稳定性和可靠性,性能堪比商业产品[134]。因此,选用该嵌入式操作系统作为提升机的恒减速制动控制处理系统。

选定实时处理操作系统后,使各个功能以独立的程序模块实现,编程和调试过程中仅需对某一单项功能进行调试和修改,在各个子功能模块均调试结束后将各个独立模块以子程序的形式整合在一起。各项任务的执行由操作系统进行调度完成,由此降低 CPU 的无效运行时间与编程的出错率,从而提高多任务并行处理的效率,系统稳定可靠运行得以保障。如图 7-3 所示为系统功能模块的结构,主要功能均保存在用户的应用软件中,基于 CPU 和定时器功能实现各个子功能。

该嵌入式系统可用 C 语言和汇编语言进行编程,其中 C 语言主要用于功能程序的编写,汇编语言主要针对 CPU 相关硬件的编程,代码总量可达 2 000 余行,可在不同处理器中方便地进行系统移植。嵌入式系统相当于用户程序的"指挥棒",可对用户程序进行管理和任务调度,同时还可为各个任务之间提供数据资源与存储空间共享,具体包括任务管理、任务间的通信、任务调度、时序管理以及初始化等功能模块。系统在 STM32 微处理器中进行移植时,用户可直接修改与微处理器相关的移植代码,其中包括 OS_CPU.H、OS_CPU.C、OS_CPU.ASM 三个重要的文件,分别为处理器和编译功能的代码、用 C 语言编写的硬件电路的驱动函数、用汇编语言编写的与 CPU 相关的函数[135]。

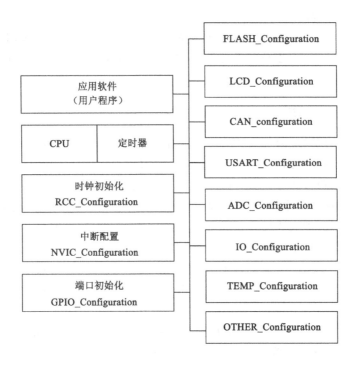

图 7-3　嵌入式系统模块功能划分

7.2.3　硬件系统驱动程序与调试

利用逻辑分层的结构在嵌入式系统中进行编程,该结构形式类似于 Windows 系统的逻辑分层结构。在嵌入式操作系统中完善恒减速制动控制的各个功能函数,并实现各硬件结构系统的驱动程序编写。驱动程序的主要功能为连接底层硬件和应用程序,使用过程中直接调用,避免了硬件细节对整个系统的影响。驱动程序的主要功能为硬件结构启动时的初始化操作和硬件通信接口的初始化设置。提升机的恒减速制动控制主要是完成信息的采集,将模拟量转换为数字量;信号的输出控制,数字量转换为模拟量;由此完成各个硬件系统的设备驱动任务。驱动程序主要用于用户程序开发过程,用于直接调用各个功能模块的应用程序的接口,该过程不必详细了解具体硬件环节。在此对各个驱动程序进行逐一介绍,并对各个驱动程序程序进行相关实验验证。

(1) A/D 采集模块驱动程序的设计与调试

A/D 模块的主要用于采集液压回路中溢流阀出口处的油压信号,分为 A、B 两路信号。该模块的驱动程序包括总线驱动、接口设置与内存分配等几项,如图 7-4 所示。其中接口设置采用 API 接口,即应用程序编程接口,对其进行接口初始化、信号采集与数据获取及存储器中的内容更新。接口设计与程序调用如图 7-5 所示,图中还包含 AD7903 芯片的驱动函数与代码执行时序逻辑。

为验证采集模块驱动程序的有效性,在 A/D 模块接口处采集已知的外接输入电压进行转换,通过微处理器进行转换后将值显示在串口显示屏中,并将该转换值与给定电压值进行对比查看驱动程序的采集精度。实验主要涉及控制系统电路板、开关电源、程序下载器与串

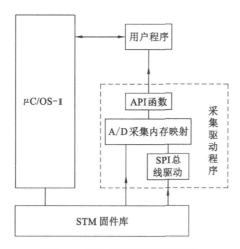

图 7-4　A/D 模块驱动程序结构

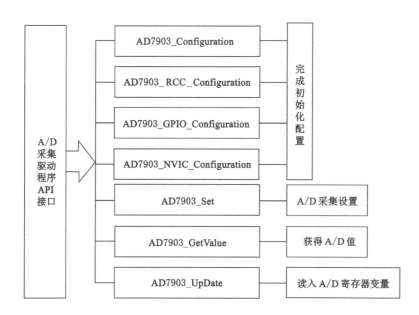

图 7-5　A/D 应用程序接口驱动结构

口通信,如图 7-6 所示为控制板硬件组成。

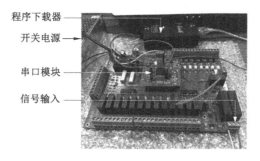

图 7-6　A/D 模块硬件结构

　　基于 A/D 模块的硬件结构,往信号输入的端口输入 3.3 V 稳定电压,并通过串口调试助手检测信号反馈的大小,如图 7-7 所示,每次反馈值均为 3.3 V,反馈结果显示电压采集驱动程序满足要求。

图 7-7　A/D 驱动程序实验验证

　　(2) D/A 模拟量输出与调试

　　多绳摩擦提升机的恒减速制动控制系统中的 D/A 模拟量转换输出主要用于驱动电液比例溢流阀阀芯的开度,从而控制液压回路的油压大小,同样包含 A、B 两路。将数据驱动总线、接口总线和存储器的驱动程序都集成在功能模块中,如图 7-8 所示展示了数据类型的转换原理。图 7-9 所示为接口模块的驱动程序组成,主要包含程序的初始化、数字量和模拟量信号之间的转换及输出端口数值的刷新。应用过程中,根据时序的不同逻辑可查阅相关技术手册中的时序图查找对应的输出值。

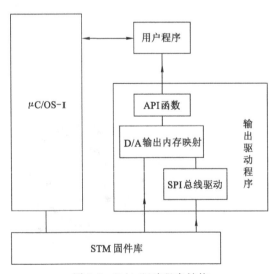

图 7-8　D/A 驱动程序结构

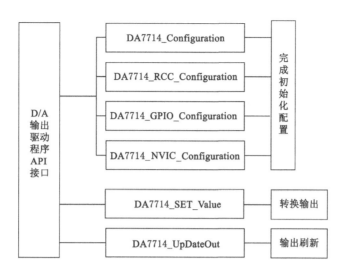

图 7-9　D/A 传输接口驱动程序结构

与 A/D 驱动程序模块一样,为保证 D/A 驱动程序的正确性,使得溢流阀有正确的阀芯控制开度,同样为输出模块驱动程序做实验。实验过程中,由数字量输入模块模拟待转换的数字量,该数字量由微处理器接收后由 D/A 模块转换为模拟量,并输出到对应接口中,利用万用表检测输出端口的电压值,对比理论换算电压值与实际检测值之间的精度关系。实验硬件由恒减速制动控制系统硬件电路板、开关电源、程序下载器及万用表等组成,如图 7-10 所示。D/A 的计算如式(7-1)所示。

$$V_{\text{out}} = V_{\text{refl}} + \frac{(V_{\text{refh}} - V_{\text{refl}})N}{4\ 096} \tag{7-1}$$

式中　V_{refl}——参考电压的最小值;

　　　V_{refh}——参考电压的最大值;

　　　N——16 位进制的输入值;

　　　V_{out}——电压的输出值。

例如,向系统输入"3214",则输出电压为 7.85 V,与理论值接近,数模转换模块的驱动程序有效。

图 7-10　模拟量输出模块驱动程序实验

（3）基于计数器的提升机主轴编码信号的输入驱动及调试

控制系统微处理器 STM32 中自带了定时器，可专门为编码器提供脉冲信号的输入，进行编码信号处理时直接调用编码器对应的脉冲输入，进一步编写驱动程序。编码信号的驱动程序与模、数之间转换的驱动程序类似，接口中分别包含了初始化、编码器的基本参数配置与寄存器中的数值更新，其工作模式如图 7-11 所示。

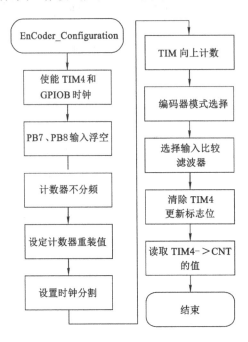

图 7-11　编码信号的驱动程序

编码信号驱动程序的主要作用为采集主轴旋转的脉冲频率，据此，选用型号与制动系统一致的编码器进行实验。实验中，手动旋转编码器，将编码器的信号经编码信号采集接口传输到微处理器进行处理，在此同时利用串口程序在电脑上将脉冲的数量与脉冲频率显示出来。实验硬件包括系统的硬件电路、开关电源、R232 串口、光电编码器及导线等，如图 7-12 所示为实验检验硬件组成与实验结果展示。结果显示，编码器的脉冲数量随旋转圈数增加而增加，频率随旋转快慢的变化而变化。实验中，由于采用手动旋转方式对脉冲信号进行调节，编码脉冲信号具有一定直观性，但存在一定误差。

图 7-12　编码输入信号的驱动程序实验

（4）串口屏驱动程序设计

基于微处理器 STM32 对串口屏显示进行驱动程序的开发与调试，以 RS232 传输协议实现显示屏与 CPU 之间的通信和数据共享。为节省处理器的资源，采用中断触发的方式将用户信息传到 CPU，由 CPU 调用相应的中断子程序实现人机交互处理。如图 7-13 所示为串口屏驱动程序的主要框架，包含串口配置的初始化设置、中断的数据收发程序以及内部存储器的变量刷新。由于信号传输过程中需要串口处理程序，因此，在程序封装中将串口处理程序封装到驱动程序中。

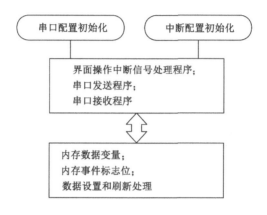

图 7-13　串口屏驱动程序主要框架

串口屏的驱动程序设计过程中可借助串口驱动与终端服务程序直接调用与串口屏硬件系统相关的初始化函数，以 UART4 作为数据的通信口，设计中根据系统需求配置完成该通信口的相关初始化函数及屏幕显示驱动函数，应用过程中直接调用相应的驱动函数即可完成驱动。其中，硬件串口的收发中断程序可直接调用微处理器中的 stm32f10x_it.c 库函数，以函数 UART4_IRQHandler(void) 作为数据缓冲模块，数据缓冲的作用是将数据以队列的形式存放到缓冲存储区，进行列队等待。数据传输的相关参数可由串口设置驱动程序 hmi_driver.h 进行定义，使用过程中可根据数据传输的需要进行查找。信息传输过程中，可根据程序对串口屏的回传信息对传输状态进行解析和做进一步处理。当回传数据的帧格式正确时，则对其做进一步破译解析处理。如图 7-14 所示为串口屏信息处理的流程，可将数据缓冲区的指令进行判断，当指令长度大于 2 条时，则对指令标志位做清零处理，同时获取指令的类型，并将其解析为触摸屏处理、按钮处理和文件处理等几项。

为实现串口屏的调试效率，串口屏中设置了虚拟调试串口，该虚拟串口可脱离硬件系统，直接在电脑端完成虚拟串口的建立，根据用户所需的串口进行设计，完成设计后将虚拟串口屏与现实串口屏相连即可。将编程界面打开后，以全速运行模式进出界面模拟，通过虚拟串口屏可查阅通信状态信息。

7.2.4　多任务程序的设计

由恒减速制动控制系统的软件需求分析，按独立的功能模块完成恒减速制动控制系统

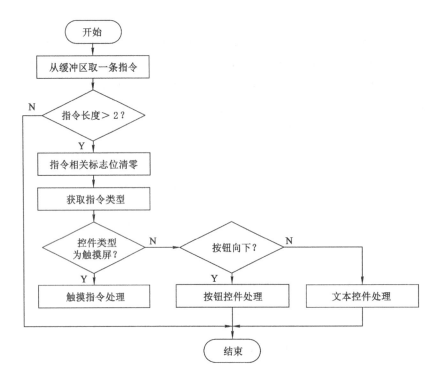

图 7-14　串口屏信息处理流程

的软件设计,并对各个程序模块进行独立开发。μC/OS-Ⅱ能满足多任务实时处理的要求,任务之间可实现独立处理,该多任务按功能划分,可进一步提高软件系统的鲁棒性和功能健全性,同时还可降低各程序之间存在的干扰。结合操作系统可执行多任务程序的优点,根据提升机恒减速制动控制的需求对各个功能程序作独立设计与封装,并针对各程序之间的主次关系设置优先级,以任务优先策略逐一实现调用。

操作系统可执行的任务可达 64 个,其中包括用户程序与系统进程程序,各程序任务在处理过程中又可称为处理器的线程,各线程在执行过程中将 CPU 默认为独立占有的资源。具体步骤为:首先获取系统执行过程的功能需求,根据功能将系统执行划分为不同的功能任务,各功能任务的统一集合即组成了系统的应用程序。程序统一规划过程中给每个独立程序赋予不同的优先级,并以数字大小表示其优先级的高低,数字越低,说明优先级越高。当同时出现 2 个及以上的任务请求时,系统可根据先前设定的优先级对其中优先级较高的任务做处理,高优先级的请求任务具有优先处理权,当处理完后再处理低优先级的任务,并选择优先级较高的任务继续处理,CPU 跳转过程中将任务现场进行压栈保存,由此保证了多任务的有序工作[136-137]。

系统任务可分为循环任务与中断任务两种,具体切换方式如下:

(1)通过延时函数在系统中实现任务的循环处理,当循环结束后,将函数内部的计时标志位重新清零,程序执行过程中根据优先级的高低在两个函数之间进行切换,切换时将保持切出函数的状态,保存现场,以便函数返回时继续执行,同时切出函数让出 CPU 的使用权并交给切入函数。

（2）当任务执行过程中遇到中断请求，且系统判断可对中断请求响应时，CPU 将进入中断程序进行响应处理。当中断程序处理完后，系统将进入中断断点位置选择执行优先级较高的程序。

具体过程为：首先建立主程序，亦即主要任务，用函数 MAIN_TASK 表示。主要任务的优先级最高，基于主要任务依次创建各子任务。任务模块的基本组成结构包括任务的调用模块、功能实现代码和多任务的队列堆栈。其中功能实现代码程序为几项组成中的核心部分，包括对程序处理过程中的参数进行保存，对队列指针实时记录以及辨别多任务请求时的优先级。可将恒减速制动控制软件系统的主要任务描述为如图 7-15 所示。

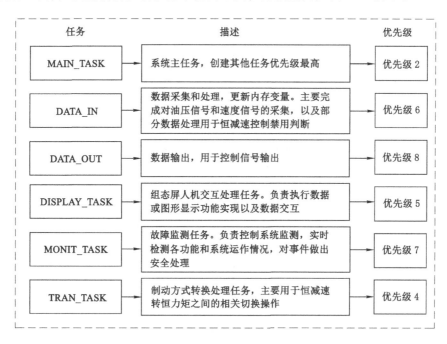

图 7-15　串口屏信息处理

（1）数据采集与数据处理任务

结合软件系统的设计要求，对每个独立任务进行程序封装，在此，由功能程序的执行逻辑，将数据采集及处理的功能划分为独立的任务，并对其进行封装。具体处理的数据包括油压信号、数字量控制信号和主轴的转速编码信号，信号类别分别为模拟量信号、数字量信号和脉冲信号。油压信号的模拟量需经 A/D 转换模块进行实时转换。控制信号包括安全回路信号、液压回路中的阀体状态信号及一些开关输入信号。编码器的输出信号主要为脉冲信号，主要用于检测提升机主轴转速信息，通过计算编码器脉冲信号的数量与频率分别得出提升机的提升高度与提升速度。各类信息数据经转换后存储在数据存储器中，并实时更新，用于后续数据的更新计算，系统执行过程中可直接从存储器中的获取当前的数据信息。因此，数据处理模块可进一步细分为数字量的转换、传输以及存储功能。

如图 7-16 所示为该任务的具体处理流程。当 CPU 转至任务入口时，首先判定恒减速制动的允许与否状态,并将油压信号转换为系统可操作的数字量信号,同时读取编码器的脉冲参数并将其转换为速度值,基于卡尔曼算法分别计算提升速度与加速度值,结合系统的控制算法计算当前状态下溢流阀的开度值对应的控制电压,由此判定是否启动恒减速制动控制。

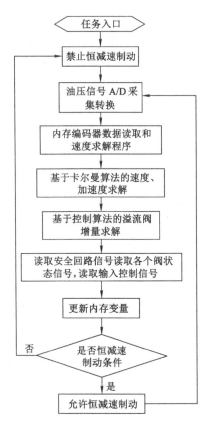

图 7-16 数据采集与数据处理任务流程

（2）制动模式转换判断任务

由制动任务切换判断对制动方式进行判定以确定切换为何种操作,根据功能需求切换为恒减速制动或恒力矩控制,并由此控制各阀体的状态。通过任务判断程序实现恒力矩与恒减速制动控制程序的切换,当检测到切换任务请求时,首先查找目标任务,并将程序指针转向对应任务,如图 7-17 所示。该任务操作简单,且操作过程可独立完成,因无其他任务的干扰,因此保障了任务执行的安全性。由于制动切换为整个制动系统的核心环节,因此在优先级的分配中将该任务赋予较高的优先级。

（3）驱动信号输出任务

驱动信号的转换任务主要作用为将经系统控制算法换算后的控制量转换为对应阀芯的控制电信号,如图 7-18 所示,采用冗余方法进行输出驱动控制,即液压回路中采用主回路和备用回路。该液压系统冗余设计的优势在于当工作中的液压系统出现故障时,立即切换到备用系统,保证制动系统的正常工作,且两个系统采用一致的控制算法。当系统允许切入至驱动信号转换任务时,系统首先判断当前的制动方式为恒力矩还是恒减速制动,并将制动模

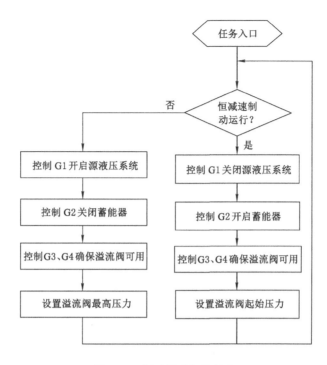

图 7-17　制动模式切换任务

式和制动曲线显示在人机交互界面中,同时将主回路和备用回路中的电磁阀 G1 和 G2 的状态信息显示在界面中,并实时判定其运行状态是否正常,当出现故障时将故障信息输出,以便查阅。

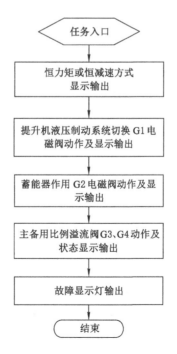

图 7-18　驱动信号输出任务

（4）运行状态监测任务

恒减速制动控制运行状态监测主要包括电液比例溢流阀的状态信息与故障反馈，同样采用冗余设计方法。如图7-19所示，在程序初始转入时，首先判断是否允许恒减速制动，若系统允许切换，则切换至恒减速制动，并比较溢流阀的延迟时间是否达到，若达到则进行下一步操作。同时判断减速度值是否在相关规程规定范围以内，通过对电液比例溢流阀的运行状态的判断获取故障状态。

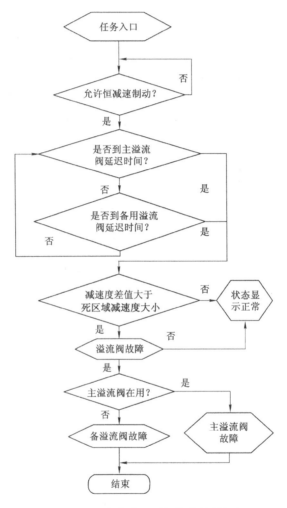

图 7-19　运行状态监测与故障判断任务

（5）人机交互任务

恒减速制动控制系统的人机交互主要任务是对提升机运行组态进行实时显示与更新，并对底层硬件控制进行参数的设置。当系统处于正常运行状态时，该任务担任着读取数据采集中的内存状态信息并对其实时更新与显示，并通过读取内存中的故障标志位，判断系统是否出现故障，若有故障信号则查阅其故障信号，如图7-20所示。该任务还包括参数控制、设备相关参数及操作模式的输入等信息。当系统转至该任务时，首先判断是否存在输入中断标志，若存在，则调用串口接收数据，同时更新内存控制参数；若不存在输入标志位，则读取内存变量更新的界面数据,并调用串口输出任务,将数据经通信口输出到底层硬件。人机交互任务采用中断形式进行处理,一方面节约了 CPU 的资源,另一方面还可提高系统的处理效率。当无中断接入时,系统处于正常的界面显示状态,当收到中断请求时,系统将进入到中断信号处理程序,并对内存控制参数做更新操作,以此有条不紊地工作。

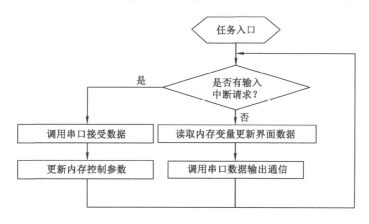

图 7-20　人机交互任务处理流程

7.2.5　系统监控界面的设计

前述内容已介绍过该系统的监控界面采用串口屏作人机交互的操控界面,监控界面主要用于实时反馈系统的运行状态信息,包括制动效果、工况显示、故障信息等。如图 7-21 所示为监控显示界面的主要设计流程,包括显示界面的美工制作,该过程主要用于确定界面的显示风格,可利用 Photoshop 等软件做底层风格。显示风格设计好后可通过串口屏的配套开发软件将其导入显示屏,并通过 VisualTFT 做进一步开发及相关资源的配置,包括人机界面中的控件类型选择,数目、空间布局位置以及对应的数据存储位置等功能的设计。

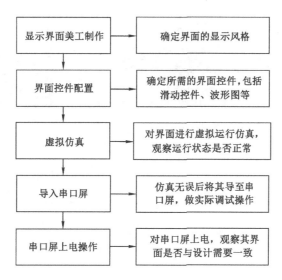

图 7-21　监控界面设计流程

界面完成空间配置及位置确定后,对其进行虚拟运行仿真,观察虚拟运行状态下是否与人机交互需求保持一致。当界面仿真无误后,将串口屏与电脑相连,并将所设计的工程项目下载到串口屏中,做进一步的实际调试。根据恒减速制动控制的需求,界面显示主要功能如图 7-22 所示,当进入主界面后可选择参数设置、运行状态、状态曲线显示、历史故障查询及历史状态曲线查询等功能。

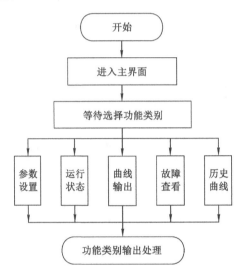

图 7-22　监控界面主要功能

系统通电后,串口屏中的显示界面如图 7-23 所示,包括主界面、运行状态查询、状态曲线输出、历史故障查询及历史数据查询等。在主界面中还包含提升机的结构简图,主回路和备用回路的油压信号实时显示曲线,主要阀芯的开度信号,也包含减速度值、采样率以及提升机型号等主要参数的设置。同时还将提升机的闸瓦开合状态与安全回路断电信号和开车信号都以指示灯的形式显示在界面中。

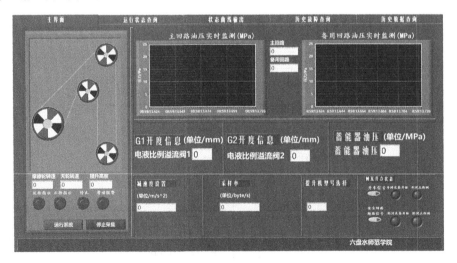

图 7-23　恒减速制动控制主界面

7.3　基于 STM32 的软件系统控制算法

7.3.1　软件算法需求分析

多绳摩擦提升机的制动系统为典型的机、电、液集成系统,在前述基于 PLC 的控制系统中已经介绍过其运行过程会存在多种复杂的工况,根据提升过程可将提升机容器分为上提和下放两种过程。由于提升载荷的状态有空载、满载或半载的情况,因此载荷的波动较大,若想满足恒减速制动,必须使不同的提升载荷对应不同的制动力矩,对应的液压回路中将施加不同的制动油压,油压实时跟随载荷的变化而变化。提升机的恒减速制动控制算法的核心就是解决各种不同工况下通过调节比例溢流阀阀芯的开度而得到对应的控制油压,由此调整闸瓦与制动盘之间的制动正压力,从而保证提升机于恒定的减速度运行直至停车。

前文已介绍过提升机的恒减速制动控制的基本原理是利用编码器的实时脉冲信号换算为主轴的旋转速度及减速度,基于电控系统硬件电路中的编码信号采集模块采集编码脉冲信号。在微处理器中对编码脉冲信号进行换算求解出实际运行参数,并利用所设计的控制算法对实际速度与减速度进行偏差比较,将该偏差值输入控制器作为矫正算法的输入值,由此对系统制动压力进行调控,通过制动正压力反推此时的减速度值是否与设定值保持一致,由此实现恒减速制动控制。如下对主要算法进行一一介绍,部分与基于 PLC 控制一致的算法此处将不再赘述。

（1）控制算法的基本要求

针对提升机的恒减速制动控制,核心的控制算法包括传统 PID、模糊算法等,具体又可分为模糊控制和模糊神经网络。几种常见算法的原理描述、算法的结构组成及优缺点,如图7-24 所示。

前述内容中已经将常规 PID 算法与模糊算法进行组合得到 PID 参数自整定算法,该算法控制过程方便,仅需通过经验参数调整并获取 P、I、D 三个控制系数即可计算系统输出值的大小,进而得到减速度的输出值。提升机的恒减速制动控制是一个较复杂的过程,该过程受多种因素的影响,普通算法因无法获取精准的传递函数而导致算法精度受影响,在前述内容中也已经介绍过了理想传递函数的计算不能满足控制算法的要求,通过对比分析,将模糊控制与传统 PID 控制融合,形成模糊 PID 控制算法,但 PID 修正参数的模糊规则表查询过程偏烦琐,为探究更简洁的方法,在此对模糊神经网络进一步研究。相比之下,单独的模糊控制方式也是直接采用模糊规则和模糊推理两种方式相结合,在不完全了解恒减速制动控制的数学模型及控制传递函数的前提下,仅凭工作经验便可实现恒减速制动控制系统的精准控制[138-139]。模糊控制算法的核心是提前确定模糊规则与模糊隶属度,该过程涉及很多人为主观的因素,对控制算法而言缺乏自主学习能力,因此,直接将该算法用于提升机的恒减速制动控制时,难以保证系统参数控制的实时性,从而导致控制效果不理想。

与模糊神经网络相比,人工神经网络控制算法在设计过程中基于人类的思维形式借助于神经元之间的信息传递方法而形成网络算法模型[140-141]。通过神经网络模型模拟控制系

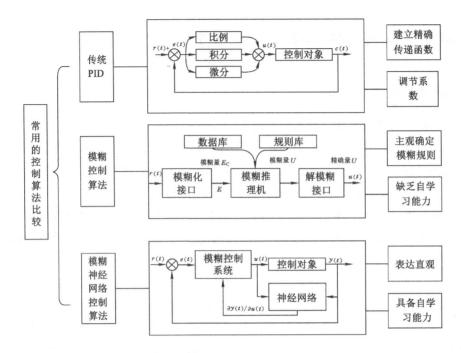

图 7-24 恒减速制动控制算法比较

统,类似于人脑的思考过程,包括数据模型学习、数据详细、结论推导、控制决策、数据分类以及对象的模式识别等过程。通常情况下,神经网络的学习过程其实就是对权值的不断计算和更新的过程,该过程不具有明显的可读性,对于无经验的人员来说难以理解权值的意义,且该模型不便加入控制对象已有的先验知识,同时训练过程中无法进行模型修改[142]。结合神经网络与模糊控制算法的优缺点,综合的控制算法既包含了神经网络对模型训练的优点和对数据的学习能力,将与隶属函数相关的参数自动生成,使现场实验的人工从烦琐标定中解放出来,同时还具备模糊控制算法对现场控制环境的直观表达功能[143]。对比基于PLC 的控制算法,决定在嵌入式系统中采用模糊神经网络进行减速度值的实时控制,根据网络估计结果对溢流阀阀芯进行实时控制。

(2)核心参数的处理需求

根据恒减速制动控制要求,恒减速制动控制的核心为减速度的控制,根据以上分析可知,控制过程中提升机主轴的旋转速度是必不可少的输入参数,该参数可由编码器实现闭环控制的反馈输入[144]。因此,提升机主轴的反馈速度精度直接影响多绳摩擦提升机的恒减速制动控制的控制效果。根据控制要求,如图 7-25 所示为所设计的速度求解流程,其中,脉冲信号的计算如式(7-2)所示,速度最终的求解如式(7-3)所示。

图 7-25 恒减速制动控制速度求解流程

$$\beta = g(\omega) + \sigma_{\beta} \tag{7-2}$$

$$\theta = t(\beta + \sigma_z) + \sigma_d + \sigma_u \tag{7-3}$$

式中　$g(\omega)$——实际速度与编码器信号之间的函数表达;

　　　$t(\beta + \sigma_z)$——编码器信号与求解速度之间的函数表达;

　　　σ_{β}——为调节编码器脉冲宽度而引入的误差调节参数;

　　　σ_z——电路转换过程中存在干扰的补偿参数;

　　　σ_d——速度求解中引入的离散化误差补偿;

　　　σ_u——速度求解过程中微处理器本身定时器与程序计时之间存在一定误差,该参数
　　　　　　为调速度节量化误差的补偿参数。

由信号采集的流程发现,求解出的提升机主轴速度 θ 与真实速度 β 之间因采集精度和
转换精度而存在干扰和误差。由恒减速制动控制的原理可知,当采样值与真实值之间的误
差在允许范围内时,系统可稳定运行,并按给定的减速度值稳定减速直至提升机停车。控制
过程中,制动系统的油压信号由给定减速度值与实际减速度之间的比较误差进行调节实现
控制,因此,加速度的求解精度直接影响到恒减速制动系统的性能好坏,为此保证该偏差值
的可靠性至关重要。

根据编码器的信号特点,通过对脉冲信号进行处理得到速度值,常见的速度信号计算方
法有定时测角法(即 M 法)、定角测时法(即 T 法)和角时共用法(即 M/T)[145]。如图 7-26
所示为三种方法的比较,图中的 M_1 和 M_2 分别为脉冲数量和脉冲频率计量,T 为编码脉冲
信号的采样时间间隔,f 为所获脉冲信号的频率,系统的编码器脉冲线数值设定为 1 024。

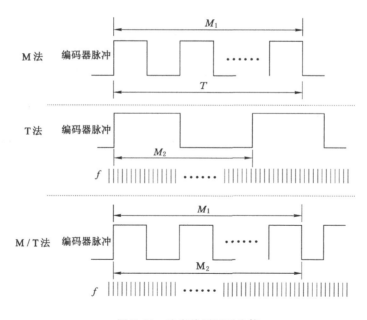

图 7-26　速度检测原理比较

由速度检测原理可知,M 法计算过程中,时间 T 值为固定的,将检测到的数量与时间作
除法便可得到速度值;T 法通过计算两脉冲之间的时间间隔来计算速度值,即将角度值固

定,判断两角度旋转所需的时间,由时间间隔反推速度值;将角度和时间联合起来之后便组成了 M/T 法,同时结合固定时间内产生的脉冲数量和产生固定脉冲数所需的时间,由此比较分析速度值[146]。脉冲检测触发主要分为上升沿和下降沿两种形式,因此检测过程中会出现非边沿信号点,比较三种检测方法,M/T 法更适合高精度的脉冲检测。如式(7-4)~式(7-6)所示分别为三种速度检测和偏差值的计算式。

M 法计算:

$$n = \frac{60M_1}{1\,024T}, \quad \left|\frac{\Delta n}{n}\right| = \frac{\Delta M_1}{M_1} \tag{7-4}$$

T 法计算:

$$n = \frac{60f}{1\,024M_2}, \quad \left|\frac{\Delta n}{n}\right| = \left|\frac{\Delta M_2}{M_2 + \Delta M_2}\right| \tag{7-5}$$

M/T 法计算:

$$n = \frac{60f}{1\,024} \cdot \frac{M_1}{M_2} \tag{7-6}$$

根据以上分析可知,用 M 法检测时,当提升机处于提速运行时,因固定时间内产生的脉冲数量少而导致计算误差较大,若时间设定较长,甚至导致检测到的速度为 0,与实际的运行状态不匹配。加之编码器本身存在误差,导致提升机在加速运行过程中的误差值不断累加,从而影响速度检测精度。用 T 法检测时,当提升机处于加速过程时,两个脉冲之间的时间值 M_2 将不断减小,此时的相对误差值 $1/M_2$ 将随之变大。用 M/T 法检测结合了两种方法的优点,其中 M_1 为固定值,且计算还引入 M_2 值,因此该方法计算精度相对较高。

7.3.2 基于卡尔曼滤波器的预测计算

为保证后续恒减速制动控制的精度,首先应先保证速度值有较高的计算精度,然后再研究基于该减速度值的控制算法,以下将首先介绍速度检测的相关方法。

由前人的研究知,卡尔曼滤波可提高加速度的计算精度。结合微处理器的处理方式,采用离散型的卡尔曼滤波处理效果更佳。下面将从离散型卡尔曼滤波器的原理、设计和仿真几个方面进行介绍。

(1) 离散型卡尔曼滤波器的原理

卡尔曼滤波的基本思想为递推计算,其最大的优点是具有一定的状态预测功能,可由几个递归方程组合计算,递归计算的过程就是计算线性最小均方差估计的过程。该方法设计过程简单,能较大程度降低微处理器的资源占用,从而提高微处理器的处理能力和处理速度,进一步保障了制动系统的动态响应特性和响应精度[147-148]。此外,卡尔曼滤波器还能在具体模型未知的情况下,由历史数据对当前状态判断和对将来信号预测,并由此预测模型未来的状态,因其强大的计算功能和预测功能,被广泛应用到自动产线控制、随动系统控制及人工智能等工业计算领域。鉴于其强大的计算估计功能,故将其用于恒减速制动控制系统,进行提升加速度的预测,以保证系统实时性和精度的要求。

卡尔曼滤波器的具体计算首先假设滤波器能够对模型有精准的预测,并且预测模型的时间变量为离散值,即 $x \in R^n$,利用线性微分方程的形式表示为式(7-7)。

$$x_k = Ax_{k-1} + Bu_k + \omega_k \tag{7-7}$$

式中 x_k——时刻为 k 时的模型状态;

$\quad u_k$——时刻为 k 时向系统的输出的控制量;

$\quad A$、B——系统的模型参数,并通过维度表示系统的复杂程度;

$\quad \omega_k$——模型运行过程的外界干扰激励,通常以白噪声表示该干扰,并以 Q 表示干扰噪声的协方差。

状态变量的测量变量定义为 z,$z \in R^n$,此时系统的测量过程方程可表示为式(7-8)。

$$z_k = Hx_k + v_k \tag{7-8}$$

式中 z_k——时刻为 k 时的测量值;

$\quad H$——系统模型的参数,代表从模型状态到测量状态之间的增益值;

$\quad v_k$——系统运行中的噪声干扰,令其为白噪声信号,且协方差为 R。

根据更新形式的不同,可将卡尔曼滤波器分为时间和测量值两种参量的更新模式。如图 7-27 所示为滤波器工作原理,其中第一部分表示状态的预测,该部分主要为时间的更新,更新过程中实时向前推算与当前状态有关的变量,同时还对状态参数的协方差进行预测,由此形成具有一定先验预测的时间状态。另一部分为当前运行状态的测量值,基于该测量值,将新变量与先验预测相结合,通过实时计算更新然后即可得到改进后的后验预测。即时间更新对应参量的预测,并有实际测量值对预测模型进行不断矫正,计算过程中均以变量和变量的协方差作为评估参数。

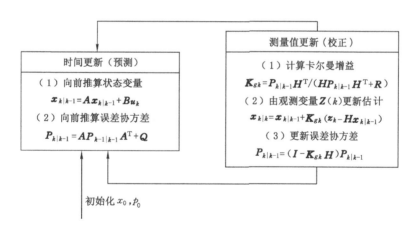

图 7-27 卡尔曼滤波器的工作流程

通过当前时刻的状态值与历史状态值,并基于系统模型对当前的状态进行预测,其预测计算如式(7-9)所示[149-150]。

$$x_{k|k-1} = Ax_{k-1|k-1} + Bu_k \tag{7-9}$$

式中 $x_{k|k-1}$——由上一时刻预测所得的结果;

$\quad P_{k-1|k-1}$——由上一时刻优化得到的最优结果;

u_k——当前状态控制量。

状态结果计算完后再根据协方差进一步评估和优化,其协方差的计算如式(7-10)所示。

$$P_{k|k-1} = AP_{k-1|k-1}A^T + Q \qquad (7\text{-}10)$$

式中 $P_{k|k-1}$——$x_{k|k-1}$ 对应的协方差值;

$P_{k-1|k-1}$——$x_{k-1|k-1}$ 对应的协方差值;

Q——系统过程变量产生的协方差。

由式(7-9)、式(7-10)分别完成系统时间与状态的更新,结合两个式子即可得到模型的预测过程。基于上述预测结果,实时更新当前数值的采集状态对测量结果进一步更新,由此得到模型状态的最优预测状态。以 $x_{k|k}$ 表示被预测对象的状态参量,结合以上计算式便可得该状态表述式,即式(7-11)。

$$P_{k|k-1} = AP_{k-1|k-1}A^T + Q \qquad (7\text{-}11)$$

K_{gk} 为滤波器的增益,可由式(7-12)计算。

$$K_{gk} = P_{k|k-1}H^T / (HP_{k|k-1}H^T + R) \qquad (7\text{-}12)$$

由以上推导可得到当前状态下的最优估计状态值 $x_{k|k}$,因卡尔曼滤波器采用不断递归的计算逻辑,为保证其能循环运行,对当前状态下的协方差也进行同步更新,其更新过程如式(7-13)所示。

$$P_{k|k} = (I - K_{gk}H)P_{k|k-1} \qquad (7\text{-}13)$$

式中 I——模型系统的矩阵表达。

当进入的下一时刻时状态便由 $P_{k-1|k-1}$ 更新为 $P_{k|k}$,由此将算法以递归形式不断往后更新。

(2) 滤波器的设计过程

控制算法中,提升机的运动状态可由编码器获取的脉冲信号进行转换,由脉冲的数量可进一步测得旋转角度 θ。实际应用过程中,可利用提升系统摩擦轮的转角值、旋转角速度、旋转角加速度以及各个量的变化率作为状态的表述值,分别用变量 θ、ω、α、γ 表示,因此 x_k 可以一维矩阵的形式表述为 $x_k = [\theta\ \omega\ \alpha\ \gamma]$,用 A 和 H 分别表示系统的实际状态和测量状态,如式(7-14)和式(7-15)所示。

$$A = \begin{bmatrix} 1 & T & \dfrac{T^2}{2} & \dfrac{T^3}{6} \\ 0 & 1 & T & \dfrac{T^2}{2} \\ 0 & 0 & 1 & T \\ 0 & 0 & 0 & 1 \end{bmatrix} \qquad (7\text{-}14)$$

$$H = \begin{bmatrix} 1 & 0 & 0 & 0 \end{bmatrix} \qquad (7\text{-}15)$$

第 k 时刻的先验和后验估计误差可由式(7-16)计算[151]。

$$\begin{cases} e = z_k - x_{k|k-1} \\ e = z_k - x_{k|k} \end{cases} \qquad (7\text{-}16)$$

两种估计方法的协方差矩阵可由式(7-17)计算。

$$\begin{cases} \boldsymbol{P}_{k|k-1} = \boldsymbol{E}(\bar{e}\bar{e}_k^{\mathrm{T}}) \\ \boldsymbol{P}_{k|k} = \boldsymbol{E}(e_k e_k^{\mathrm{T}}) \end{cases} \tag{7-17}$$

根据卡尔曼滤波器的递推原理,为保证后续步骤中滤波器可迭代更新,首先需要确定时间参数与状态参数的初始值 x_0、p_0。根据经验公式,以一段时间内的观测信号作为判断依据来确定系统的位置状态信息 θ_0,利用两次相邻的位置状态信息进一步计算角速度值 ω_0,以角速度作为计算参数,初始加速度值 α_0 的值可利用差分计算方法进行求解,并规定首次计算时的变化率为 0。因此,卡尔曼滤波器的初始值 $\boldsymbol{x}_0 = [\theta_0 \ \omega_0 \ \alpha_0 \ \gamma_0]^{\mathrm{T}}$,此时的估计误差协方差可由式(7-18)计算[152]。

$$\boldsymbol{P}_0 = \boldsymbol{E}[(\boldsymbol{x}_0 - \boldsymbol{\mu}_0)(\boldsymbol{x}_0 - \boldsymbol{\mu}_0)^{\mathrm{T}}] \tag{7-18}$$

式中　μ_0——x_0 初始统计时的均值。

经参数进行初始化后,以修正后的状态表述中 $\boldsymbol{x}_{k|k}$ 的 $\boldsymbol{\alpha}_k$、$\boldsymbol{\gamma}_k$ 作为后续更新迭代的输入控制。

（3）模拟仿真

为验证卡尔曼滤波器的滤波效果,对含干扰信号的脉冲信号进行滤波仿真分析。模拟数据中的仿真频率设置为 5 Hz,并以 10 Hz、20 Hz 的主频作为白噪声成分。在该设置参数下得到的仿真结果如图 7-28 所示。

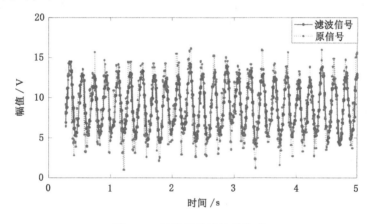

图 7-28　滤波器滤波效果仿真

由仿真结果知,待处理的信号通过所设计的滤波器后,信噪比得到提升。分析信号的稳定性知,处理后的信号波动更小。由仿真结果可知,所设计的滤波器可用于提升机的恒减速制动系统的信号采集模块。

提升机主轴的旋转信号为典型的周期信号,为进一步验证卡尔曼滤波的效果,如图7-29所示,从频域对卡尔曼滤波器的滤波效果进一步分析。由局部放大部分的频域图中可发现,该滤波器对高频信号和干扰信号具有较好的抑制作用,可进一步提高控制算法的输入精度。

根据上述设计及仿真结果分析知,采用卡尔曼滤波器在信号采集过程中可提高采集精度,从而保证减速度求解时有可靠的原信号作为算法输入,满足了恒减速制动系统对实时性、精度的要求。

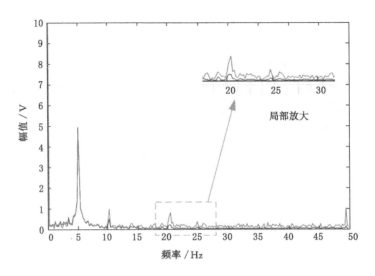

图 7-29 滤波器滤波效果仿真

7.3.3 软件控制算法的设计

第 4 章中,以 PLC 作为核心控制器,在程序中引入模糊 PID 控制算法,实现了提升机的恒减速制动控制。本章中,以 STM32 作为核心控制器,为设计更适合的控制算法,此处采用模糊神经网络控制算法作为系统的核心算法。模糊神经网络常利用 T-S 模糊推理,通过前馈控制将数据不断进行误差计算,并由误差大小更新各神经元的权值。神经网络在模型生成前需要利用大量数据对模型的权值进行更新修改,训练过程中可依据经验对模型系统的权值等参数进行修改,并由激活函数对系统的输入/输出数据进行采集和记录。以输入/输出配对的数据对模糊神经网络进行训练,使模型系统被不断接近真实模型系统,模型判断也不断接近专家辨识效果[153-154]。提升机的恒减速系统控制过程较为复杂,无法做到所有控制过程均由人为干扰,因此,对模型训练过程中的状态数据实时显示尤为重要,由真实数据训练出的模型还一定程度上解决了模糊控制过于依赖主观干扰的问题,真实的模型数据可客观反映控制系统的隶属度函数和模糊控制规则。

考虑到系统在控制过程中免不了会出现一定的时变特性,根据 T-S 型的模糊神经网络在时变处理中的优越性,将其作为模糊神经网络的控制器。与模糊 PID 控制算法一样,首先在算法的输入部分需要确定好输入量、反馈量以及输出量,并将设定好的输入量与输出量的偏差量 E 与偏差变化率 E_c 作为模糊神经网络算法的输入,输入值均由卡尔曼滤波器进行滤波处理。根据恒减速制动控制的需求,控制系统的输出量为电压信号,将其作为电液比例溢流阀的控制信号,因此将电压增量 U 作为控制系统的输出,如图 7-30 所示为控制算法的基本控制框图,全局输入信号为给定的减速度值,算法输入包括 E 和 E_c,控制算法计算后将控制电压用于驱动液压系统,并将提升机的运行状态由编码器检测后作为反馈信号传输到系统做差值比较。

(1)模糊模型的设计

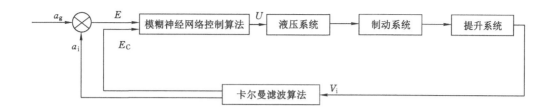

图 7-30　控制算法基本控制框图

结合 T-S 模糊模型的优点,将 $\boldsymbol{X}$ 作为系统的输入变量,结合恒减速制动控制的要求,将系统设置为二维模糊系统,分别将偏差值 E 与偏差变化率 E_C 的值设为 x_1 和 x_2,因此输入矩阵变为 $\boldsymbol{X}=[x_1,x_2]^{\mathrm{T}}$。将语言以数据集合的形式进行表达,如式(7-19)所示,分别以大、中、小等形式进行表达。

$$T(x_k)=\{\boldsymbol{A}^{k1},\boldsymbol{A}_{k2},\boldsymbol{A}_{k3},\cdots,\boldsymbol{A}^{ki},\cdots,\boldsymbol{A}^{k7}\},\quad k=1,2;\quad i=1,2,3,\cdots,7 \qquad (7\text{-}19)$$

式中　$\boldsymbol{A}^{ki}$——第 k 个变量对应的第 i 种语言表达式,因模糊变量包括误差和误差变化率两个值,因此 $k=\{1,2\}$;

　　　i——语义表达,从 1~7 的数据分别表示从负值到正值的大、中、小 7 个语义值,可分别以 N(B、M、S)、O、P(S、M、B)等模糊变量表达。

根据语义表达,分别确定其隶属函数的计算如式(7-20)所示,设隶属函数为 $\mu_{A^{ki}}(x)$,并以高斯函数进行计算。

$$\mu_{A_{ki}}(x)=\mathrm{e}^{-\frac{(x-c_{ki})^2}{2(\sigma_{ki})^2}},k=1,2;i=1,2,3,\cdots,7 \qquad (7\text{-}20)$$

式中　σ_{ki}——高斯核的定义;

　　　c_{ki}——该隶属函数对应的差值系数。

因恒减速制动控制为典型的双输入和单输出模型,可将 T-S 模型的规则以 0 阶和 1 阶的形式表达如下:

0 阶时:如果 x_1、x_2 分别为 A_1、A_2,则 u 取为常数值 k;

1 阶时:如果 x_1 为 A_1,且 x_2 为 A_2,则的取值如式(7-21)所示。

$$u=px_1+qx_2+r \qquad (7\text{-}21)$$

式中　A_1、A_2——x_1、x_2 变量对应的语义表达值;

　　　p、q、r——1 阶表达式中的一次表达系数,均为常数。

从表达式中可以看出,语义表达式均由三个参量,对两个输入变量均定义了 7 个语义值,因此模糊规则总数为 49,共计参数总量为 147 个,实际控制过程中每个参数都需逐一确定,给控制算法的设计带来了不便,因此,为降低系统的复杂性,选用 0 阶 T-S。

此时的模糊规则表达变为式(7-22):

$$\text{if } x_1 \text{ is } A_{1i} \text{ and } x_2 \text{ is } A_{2i} \text{ then } u \text{ is } u_{ij} \qquad (7\text{-}22)$$

式中　i、j——两个变量的不同语义表达;

　　　A_{1i}——第一个变量 x_1 的语义值;

A_{2i}——第二个变量 x_2 的语义值；

u_{ij}——变量组合为 i、j 时的规则输出。

进一步可求得模糊规则对应的模糊强度表达，如式(7-23)所示：

$$w_{ij} = \mu_{A_{1i}} \cdot \mu_{A_{2i}}(x_2) \tag{7-23}$$

模糊规则对应的模糊推理结果如式(7-24)所示：

$$\alpha_{ij} = w_{ij} \wedge u_{ij} = w_{ij} \cdot u_{ij} \tag{7-24}$$

系统的输出量 u 可有加权与平均加权的形式，为进一步提升系统的泛化能力，采用平均加权的形式对输出值进行计算，如式(7-25)所示：

$$u = \frac{\sum_{i=1,j=1}^{7} w_{ij} \cdot u_{ij}}{\sum_{i=1,j=1}^{7} w_{ij}} = \sum_{i=1,j=1}^{7} \overline{w_{ij}} \cdot u_{ij} \tag{7-25}$$

式中 $\overline{w_{ij}}$——平均加权值，其计算见式(7-26)。

$$\overline{w_{ij}} = \frac{w_{ij}}{\sum_{i=1,j=1}^{7} w_{ij}} \tag{7-26}$$

如上完成了 T-S 的模糊控制推导过程，最终的结果可由加权平均值表述，所有的权值整合起来后即形成了模糊规则表，每个规则值即为模糊表达中的语义强度。所谓规则强度指的就是变量 x_1、x_2 与隶属度 A_1^i 和 A_2^j 之间的乘积表达，由此，以简单的计算实现模糊控制的语义表达，在微处理器中便于实现。

(2) 模糊神经网络的设计

以模糊神经网络的形式对整个控制算法进行描述，从而使控制过程更具形象与直观表达性，从抽象且不确定的模型中脱离出来。利用采集好的数据不断输入到神经网络中，使网络得到不断训练，使各个神经元中的权值得到不断更新。如图 7-31 所示为以 T-S 模糊规则表述下的神经网络模型。

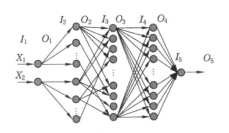

图 7-31　模糊神经网络模型

所设计的模糊神经网络共有 5 层，第 1 层和最后一层分别为输入层和输出层，输入层包括设定减速度与实测减速度之间的偏差值与偏差变化率，由 2 个神经元组成。第 2 层表示输入量的模糊语义表达，为隐含层，每个模糊表达方式有 7 种，因此 2 个输入变量共对应 14 个神经元，每个神经元即为一个模糊语义。第 3 层同样为隐含层，与第 2 层所不一样的是对神经元进行了扩充,由 14 个神经元扩充至 49 个神经元节点,该神经元的激活函数由模糊规则确定。第 4 层的作用为将上层中模糊规则确定的模糊值进行归一化处理,结构类似第 3层。最后一层为输出层,因输出量对应溢流阀开度的控制,因此为单一的电压输出信号,该过程即对被控量 u 值进行精确计算,计算过程有前层中模糊规则确立的神经元进行权值链接,从而得到被控量的大小。确定了网络模型后,需通过大量数据对各个神经元进行训练与权值更新,训练最后输出层由隶属度函数确定,定义各层的输入输出关系见式(7-27)~式(7-31)。

第 1 层:

$$\begin{cases} I_k^1 = x_k \\ O_k^1 = I_k^1 \end{cases} \tag{7-27}$$

第 2 层:

$$\begin{cases} I_{ki}^2 = O_k^1 \\ O_{ki}^2 = e^{-\frac{(O_{k1}-c_{ki})^2}{2(\sigma_k^i)^2}} \end{cases} \tag{7-28}$$

第 3 层:

$$\begin{cases} I_{ij}^3 = O_{1i}^2 \cdot O_{2j}^2 \\ O_{ij}^3 = I_{ij}^3 \end{cases} \tag{7-29}$$

第 4 层:

$$\begin{cases} I_{ij}^4 = \dfrac{O_{ij}^3}{\sum\limits_{i,j=1}^{7} O_{ij}^3} = \dfrac{w_{ij}}{\sum\limits_{i,j=1}^{7} w_{ij}} \\ O_{ij}^4 = I_{ij}^4 \end{cases} \tag{7-30}$$

第 5 层:

$$\begin{cases} I_{ij}^5 = \sum\limits_{i,j=1}^{7} O_{ij}^4 \cdot u_{ij} \\ O_{ij}^5 = I_{ij}^5 \end{cases} \tag{7-31}$$

式中　I、O——输入和输出;

k——变量的序号,$k=1$、2;

i、j——模糊语义表达序号。

将输出数据与训练数据之间的偏差作为网络模型的训练目标,以误差梯度下降为目标不断更新网络中神经元的权值[155]。分别调整网络中的隶属度函数 c_{ik}、σ_{ki} 和输出值 u_{ij},以达到最优的训练效果。误差定义见式(7-32):

$$E = \sum_{n-1}^{m} E_n = \frac{1}{2} \sum_{n-1}^{m} (y_{dn} - y_n)^2 = \frac{1}{2} \sum_{n-1}^{m} e_n^2 \tag{7-32}$$

式中　m——训练数据的样本数量;

y_{dn}——神经网络的期望输出;

y_n——神经网络的实际输出。

权值更新的学习算法可表述为式(7-33)～式(7-35)：

$$u_{ij}(t+1)=u_{ij}(t)-\eta_1 \frac{\partial E}{u_{ij}} \qquad (7-33)$$

$$c_{ki}(t+1)=ci_{ki}(t)-\eta_2 \frac{\partial E}{ci_{ki}} \qquad (7-34)$$

$$\sigma_{ki}(t+1)=\sigma_{kmi}(t)-\eta_3 \frac{\partial E}{\sigma_{ki}} \qquad (7-35)$$

式中 η_1、η_2、η_3——神经网络模型的学习率。

当为第 1 个变量，即 $k=1$ 时：

$$\frac{\partial E}{c_{1i}}=\sum_{n=1}^{m}\left[-e_n \cdot \frac{(\sum_{j=1}^{7}O_{2j}^2 \cdot u_{ij}) \cdot \sum_{j=1}^{7}O_{2j}^2}{(\sum_{i,j=1}^{7}O_{1j}^2 \cdot O_{2j}^2)^2}\right] \cdot e^{-\frac{(x-c_{1i})^2}{2(\sigma_{1i})^2}} \cdot \frac{(x-c_{1i})}{\sigma_1^2} \qquad (7-36)$$

$$\frac{\partial E}{\sigma_{1i}}=\sum_{n=1}^{m}\left[-e_n \cdot \frac{(\sum_{j=1}^{7}O_{2j}^2 \cdot u_{ij}) \cdot \sum_{j=1}^{7}O_{2j}^2}{(\sum_{i,j=1}^{7}O_{1j}^2 \cdot O_{2j}^2)^2}\right] \cdot e^{-\frac{(x-c_{1i})^2}{2(\sigma_{1i})^2}} \cdot \frac{(x-c_{1i})}{\sigma_1^3} \qquad (7-37)$$

当为第 2 个变量，即 $k=2$ 时：

$$\frac{\partial E}{c_{2i}}=\sum_{n=1}^{m}\left[-e_n \cdot \frac{(\sum_{j=1}^{7}O_{1j}^2 \cdot u_{ij}) \cdot \sum_{j=1}^{7}O_{1j}^2}{(\sum_{i,j=1}^{7}O_{1j}^2 \cdot O_{2j}^2)^2}\right] \cdot e^{-\frac{(x-c_{2i})^2}{2(\sigma_{2i})^2}} \cdot \frac{(x-c_{2i})}{\sigma_2^2} \qquad (7-38)$$

$$\frac{\partial E}{\sigma_{2i}}=\sum_{n=1}^{m}\left[-e_n \cdot \frac{(\sum_{j=1}^{7}O_{1j}^2 \cdot u_{ij}) \cdot \sum_{j=1}^{7}O_{1j}^2}{(\sum_{i,j=1}^{7}O_{1j}^2 \cdot O_{2j}^2)^2}\right] \cdot e^{-\frac{(x-c_{2i})^2}{2(\sigma_{2i})^2}} \cdot \frac{(x-c_{2i})}{\sigma_2^3} \qquad (7-39)$$

至此，模糊神经网络模型的理论推导与计算过程均已全部阐述，实际应用过程中可直接借助已经训练好的网络模型进行在线监测与实时反馈，不需再有网络模型的训练，由此充分结合神经网络算法与模糊控制的优点，实现恒减速制动控制的被控量输入。

（3）网络模型的离线训练

通过前述讨论知，若所有的训练数据都源于人工现场采集，则将耗费大量人力资源，且训练数据不一定能可靠，将其作为训练数据则有可能影响模型精度。通过分析提升机的运行过程知，提升机在提升重物和下放重物的过程可以看成载荷不变，加之尾绳部分一般采用等尾绳，因此，将提升系统看成时不变系统，且为线性关系[156]。由此，提升机的工作过程中产生的各种变工况均可以对应不同类型的时变系统。若模型的训练样本来自足够多的工况，则所获的模糊神经网络具有较好的泛化能力，换言之，通过充分训练后的神经网络模型可以看成一个不变参数的恒减速制动系统，数据分别源于提升现场采集与实验数据的采集。在 MATLAB 平台中搭建好模糊神经网络，通过训练得到每个语义下偏差 r 与偏差变化率 e_r 的隶属函数，见式(7-40)～式(7-46)。

语义值为 NB：

$$
\begin{cases}
r_1 = \mathrm{e}^{\frac{(x+5.043)^2}{2\times1.341^2}} \\[3mm]
er_1 = \mathrm{e}^{\frac{(x+5.911)^2}{2\times1.007^2}}
\end{cases}
\tag{7-40}
$$

语义值为 NS：

$$
\begin{cases}
r_2 = \mathrm{e}^{\frac{(x+4.468)^2}{2\times1.302^2}} \\[3mm]
er_2 = \mathrm{e}^{\frac{(x+3.949)^2}{2\times0.959\,4^2}}
\end{cases}
\tag{7-41}
$$

语义值为 NP：

$$
\begin{cases}
r_3 = \mathrm{e}^{\frac{(x+0.794\,5)^2}{2\times1.165^2}} \\[3mm]
er_3 = \mathrm{e}^{\frac{(x+2.118)^2}{2\times0.795\,2^2}}
\end{cases}
\tag{7-42}
$$

语义值为 O：

$$
\begin{cases}
r_4 = \mathrm{e}^{\frac{x^2}{2\times0.996\,3^2}} \\[3mm]
er_4 = \mathrm{e}^{\frac{x^2}{2\times0.948\,6^2}}
\end{cases}
\tag{7-43}
$$

语义值为 PS：

$$
\begin{cases}
r_5 = \mathrm{e}^{\frac{(x-0.794\,5)^2}{2\times1.165^2}} \\[3mm]
er_5 = \mathrm{e}^{\frac{(x-2.118)^2}{2\times0.795\,2^2}}
\end{cases}
\tag{7-44}
$$

语义值为 PM：

$$
\begin{cases}
r_6 = \mathrm{e}^{\frac{(x-4.468)^2}{2\times1.302^2}} \\[3mm]
er_6 = \mathrm{e}^{\frac{(x-3.949)^2}{2\times0.959\,4^2}}
\end{cases}
\tag{7-45}
$$

语义值为 PB：

$$
\begin{cases}
r_7 = \mathrm{e}^{\frac{(x-5.043)^2}{2\times1.341^2}} \\[3mm]
er_7 = \mathrm{e}^{\frac{(x-5.911)^2}{2\times1.007^2}}
\end{cases}
\tag{7-46}
$$

至此,在离线模式下完成隶属度函数的训练,该过程不需过多人为参与,实际应用过程只需将训练后的模型结果对应到输出任务中做输出计算处理,由此降低计算负担,提高系统的运行速度,从而保证恒减速制动对动态响应特性的要求。

7.4　本章小结

（1）根据软件需求分析,基于 STM32 完成了恒减速制动控制系统的软件方案设计。分析的软件功能主要包括油压传感器和编码器等信号的采集系统、减速度值的换算、溢流阀控制信号的精准输出算法、监控系统的实时监控与状态预紧功能、上位机与下位机的通信设计以及模块化软件设计。

（2）基于 RealView μVision4 开发软件，完成嵌入式操作系统的设计，并结合硬件系统的各个功能部件完成硬件系统的驱动程序设计与调试。根据恒减速制动控制的需求，在保证优先级的前提下完成了信号采集、编码信息处理、加速度求解、卡尔曼滤波器处理及安全回路断路信号处理等多任务的程序设计。并根据控制要求完成各个功能的人机交互界面设计，实现参数设置、状态参数的实时显示以及历史数据的查询。

（3）基于选定的微处理器，分析了常用的控制算法，结合各算法的优缺点，结合神经网络和模糊控制的优势，完成以模糊神经网络作为核心算法的恒减速制动控制系统设计。完成了卡尔曼滤波器的设计，将其嵌入控制算法，实现减速度的精准计算。采用 5 层神经网络，分别为 2 个参数的输入层和 1 个控制参数的输出层以及 3 个隐含层，隐含层分别为语义模糊化、模糊规则表达和权值的归一化。以各工况下采集到的数据作为网络的训练数据，经训练数据训练后得到神经网络的各个权值大小，进一步获取模糊语义的 7 种表达式，为后续现场直接调用提供数学基础。

第 8 章　恒减速制动系统综合性能实验

8.1　提升机实验台概述

　　根据当前广泛应用的深井提升机的结构原理,搭建等效结构的提升机实验台,包括箕斗、罐笼等提升容器。通过装载不同质量的提升载荷实现惯性负载的模拟,提升机模拟提升高度可达 10 m,因高度限制,考虑到实验安全,因此提升加速度应在 -2 m/s^2 以内,并用双卷筒结构进行提升主轴的设计。采用非等直径设计形式,包括 300 mm、200 mm 两个直径尺寸,提升载荷的最大值可达 100 kg,采用直径为 4 mm 的提升钢丝绳。根据要求,所设计的提升机实验台如图 8-1 所示。

图 8-1　提升机性能测试实验台

　　实验台以主轴作为主要驱动装置,作为提升机的拖动系统,主要结构包括电动机、扭矩检测结构、主轴卷筒、液压制动器、轴编码器及液压制动系统等,如图 8-2 所示。

　　为进行提升机的恒减速制动控制实验,在实验台上的主要实验内容包括盘式制动器的动态响应性能实验、液压站的动态响应实验以及恒减速制动控制性能实验。结合实际应用

1—电动机;2—主轴卷筒;3—离合器;4—轴编码器;5—扭矩检测传感器;6—盘式制动器。

图 8-2 提升机实验台主要结构布置

中的制动工况,设计并加工盘式制动器,其结构参数为非标件,布置安装如图 8-3 所示。

图 8-3 系统盘式制动器安装图

恒减速制动控制系统的性能实验研究主要包括盘式制动器的动态响应、液压系统油路循环、恒减速制动控制性能等实验。结合提升现场的液压站,将实验台液压系统的基本结构设计为如图 8-4 的形式。

1—电液比例溢流阀；2—换向阀；3—安全阀；4—压力传感器；5—液压油过滤器；6—蓄能器。

图 8-4　恒减速制动控制液压系统组成

为更好地验证前述所设计的基于 PLC 与基于 STM32 的恒减速制动效果，分别进行以 STM32 和 PLC 作为控制器的电控系统，分别如图 8-5 和图 8-6 所示。

1—开关电源；2—接线柜；3—核心控制电路；4—传感采集系统。

图 8-5　基于 STM32 设计的控制系统

利用恒减速制动控制实验台，针对恒减速制动的各个功能需求，当完成系统调试且稳定运行后，分别对系统油压、速度等信号进行实时采集与分析，并结合数据处理软件对两种控制模式下的动态响应性能和制动效果进行评估。

1—空气开关;2—变频器;3—PLC系统;4—接触器。

图 8-6　基于 PLC 设计的控制系统

8.2　基于 PLC 控制的恒减速制动实验

8.2.1　比例溢流阀响应特性

比例溢流阀的重要性已在前述内容有介绍,为保证恒减速制动控制的性能,有必要优先对所选择的比例溢流阀进行动态性能实验。在此,在进行恒减速制动控制性能实验前,务必对比例溢流阀进行动态响应性能的相关实验,主要实验设备如图 8-7 所示。将比例溢流阀接入液压回路,并启动液压工作站,通过采集卡实时采集溢流阀的动态响应曲线,通过上位机对比例溢流阀进行分析。实验主要构成包括电动机、压力传感器、数据采集卡、比例溢流阀、4~20 mA 电流到 0~10 V 电压的转换模块以及上位机。考虑到实验的便捷性,采用 LabJack 数据采集卡实现油压信号的实时采集,因该采集卡的输入信号为 0~10 V 的电压信号,因此信号采集过程中需进行电流向电压信号的转变。

制动时,利用常见的几种不同的激励信号控制比例溢流阀,并对其动态响应性能进行测试。根据相关规程规定,比例溢流阀的动态响应性能应满足矿井提升机液压站的相关性能要求,包括油压稳定性、油压变化与控制电压的线性度和二者的动态响应特性的相关要求。

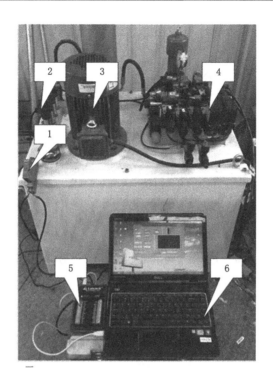

1—电流/电压转换模块；2—压力传感器；3—液压泵电动机；4—比例溢流阀；5—LabJack 采集卡；6—上位机。

图 8-7　比例溢流阀的性能实验主要设备

具体如下：

（1）对于正常工作中油压的稳定性，当液压系统油压在$(0.1\sim0.8)p_{max}$范围时，油压的高频振荡波动应在 0.2 MPa 以内，且摆动范围应限定在±0.6 MPa 以内。

（2）当液压系统的油压值在$(0.2\sim0.8)p_{max}$范围内时，油压信号与电信号之间应满足线性比例关系。

（3）当液压系统的油压值在$(0.2\sim0.8)p_{max}$范围内时，当控制电信号发出后，油压系统的动态响应时间应在 0.15 s 以内。

实验过程中，参照图 3-1，首先使电磁阀G_1、G_2 和 G_4 掉电，同时电磁阀G_3、G_5 得电，此时截止阀 15.2 与 15.3 处于截止状态，由液压系统向电液比例溢流阀施加 6 V 的电压阶跃信号，由此测定比例溢流阀的响应特性。信号采集到系统后通过 MATLAB 将比例溢流阀的响应曲线时域波形展示出来，如图 8-8 所示。由图中显示结果知上升时间为 0.21 s（上升到 75％所用时间），第一次到达稳定值的时间为 0.361 s。

在相同的设置条件下，给比例溢流阀施加 8 V 的阶跃电压信号，以同样的处理方法可得响应曲线如图 8-9 所示。由图可知从控制电信号发出到第一次达稳定的 75％所需的时间为 0.4 s，系统第一次达到稳定历史时间为 0.51 s。当系统处于稳定后，最大波动不足 2％。

由图 8-8、图 8-9 的阶跃响应曲线可知，当给定的控制信号为阶跃信号时，比例溢流阀对控制信号的响应速度较快，油压上升过程中无太大波动，且系统的油压超调量较小。对多次

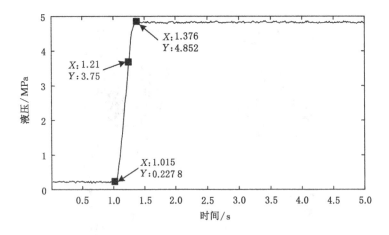

图 8-8　比例溢流阀在 6 V 阶跃信号下的响应曲线

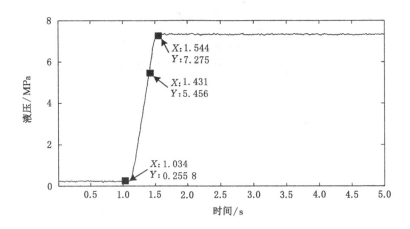

图 8-9　比例溢流阀在 8 V 阶跃信号下的响应曲线

实验的结果进行对比，结果显示误差较小，经比例溢流阀控制后可获得稳定的油压信号，有较好的控制效果。

为进一步验证比例溢流阀的控制精度，将实验结果图 8-8、图 8-9 与第 3 章中的比例溢流阀的建模仿真结果对比分析，结合图像从信号上升时间、稳定时间以及最大超调量等方面进行统计分析，如表 8-1 所示。

表 8-1　比例溢流阀现场实验与仿真实验的结果对比

阶跃信号大小/V	实验类型	油压响应上升时间/s	油压达稳定的时间/s	油压最大超调量/MPa
6	现场实验	0.31	0.36	0.05
8	现场实验	0.4	0.51	0.05
5	仿真实验	0.12	0.14	1.2
8	仿真实验	0.16	0.18	1.1

　　由上述结果对比可知,由于现场实验中存在一定阻尼,而仿真系统模型中并未准确加入该部分阻尼,阻尼的存在将会抑制油压信号的波动,同时也抑制了油压信号的动态响应特性,因此现场实验的油压信号曲线比仿真曲线更平稳,振荡较小,信号稳定后的超调量不大于 0.05 MPa。同时上升时间比仿真时间长,动态响应特性弱于仿真结果。由实验结果对比可知,比例溢流阀满足相关规程中关于矿井提升机液压站中对比例溢流阀的动态响应特性的要求。

　　当运行时间为 3 s 时,给比例溢流阀施加斜坡信号,信号为变化范围 0～10 V 的电压信号,施加激励电压后检测比例溢流阀的动态响应特性。将采集后的数据用 MATLAB 进一步处理,得到如图 8-10 所示的电压信号与油压信号的一一对应曲线,由实验图可知,两个量基本呈线性关系。

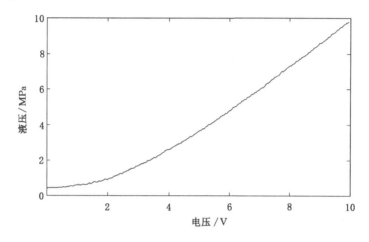

图 8-10　比例溢流阀现场应用中的斜坡响应曲线

　　由实验图可知,当溢流阀的驱动电压为 0 V 时,系统的压力仅为残压值。当控制信号逐渐增加至 2 V 后,比例溢流阀的油压信号基本与给定控制信号呈线性关系。当溢流阀的控制电压为 2～10 V 时,油压信号与控制信号之间有较好的线性关系,且满足相关规程中关于矿用提升机及绞车对液压站的规定。当液压系统中的油压值为$(0.2\sim0.8)p_{\max}$时,控制电信号与油压信号之间具有良好的线性关系。小于 2 V 的驱动电压无法驱动比例溢流阀,导致此时的油压基本无变化,同时驱动信号与油压信号之间无线性关系,无法实现精准控制,故控制过程中应跳过该电压区域。

　　为进一步验证控制电压对比例溢流阀的伺服驱动作用,由图 8-10 可知,当电压信号小于 2 V 时,电压信号对比例溢流阀的驱动作用较小,因此,通过向比例溢流阀输入 2～6 V 的三角波交变电压信号,观察经溢流阀控制后的系统油压信号变化趋势,如图 8-11 所示为电压信号与油压信号之间的随动关系。

　　结合实验结果图 8-10、图 8-11 可知,当给定控制电压为 0 V 时,油压压力为残压状态的值 0.35 Pa,此时控制电压未对溢流阀施加驱动作用。因此,油压值仅为残压状态的0.35 MPa,此时的压力处于不可调状态,电压信号在 0.5 V 以内变化时油压值基本维持在

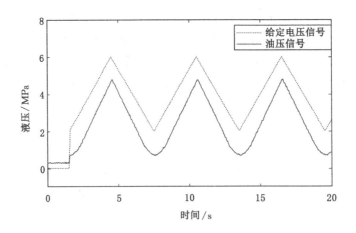

图 8-11 比例溢流阀三角波随动响应曲线

0.35 MPa，只有当控制电压大于 2 V 时二者才有较好的线性度。统计控制信号和油压变化的关键峰值信息如表 8-2 所示。

表 8-2 油压值随控制电压的动态响应统计

编号	控制信号	油压信号	滞后时间
1	4.56 s，6.0 V	4.62 s，4.81 MPa	0.06 s
2	10.56 s，6.0 V	12.61 s，4.74 MPa	0.05 s
3	16.56 s，6.0 V	16.74 s，4.78 MPa	0.08 s

根据实验结果统计可知，实际恒减速制动系统因受各种工况及环境的影响，系统油压变化相对于给定控制信号存在一定的滞后，滞后时间在 0.1 s 内，相比之下，仿真模型中存在的滞后较小或基本无滞后。《煤矿安全规程》中关于矿井提升机或绞车对液压站的规定为，当液压系统的油压值在 $(0.2 \sim 0.8) p_{\max}$ 范围内变动时，溢流阀收到驱动信号后的动态响应时间应在 0.15 s 以内。

对溢流阀施加阶跃、斜坡和三角波驱动信号的动态响应实验结果表明，所选溢流阀满足《煤矿安全规程》等相关规程要求。

8.2.2 恒减速制动实验

实验台完成相关试运行与功能调试后，首先进行恒减速制动向恒力矩制动控制的转换效果实验，并在人机交互界面中完成各个制动参数的设置，当提升机运行至最大速度时，切断安全回路，由此进行恒减速制动控制的性能实验。实验过程中结合模糊 PID 的控制算法，对 P、I、D 值进行反复验证以获取最佳的比例、积分、微分系数，同时根据模糊算法需要，获取模糊控制器的量化因子（G_a 和 G_{da}）和比例因子（G_p、G_i 和 G_d）。通过现场实验获取的控制器相关参数如表 8-3 所示。

表 8-3　模糊控制器相关参数

参数名称	P	I	D	G_a	G_{da}	G_p	G_i	G_d
取值	1.36	0.212	0.075 2	0.97	0.341	0.548	0.352	0.881

　　结合提升机实验台的运行参数,以及提升速度有限制,同时考虑实验效果的普遍性,将给定加速度值设定为 -1.5 m/s² 和 -2.0 m/s² 两个减速度等级。根据所设计的恒减速制动控制器,选定 PID 控制算法下的空载上提、空载下放、满载上提与下放和模糊 PID 控制算法下的空载上提、空载下放、满载上提、下放八种工况进行实验,如图 8-12 所示。

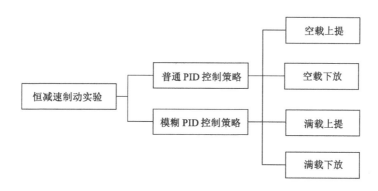

图 8-12　恒减速制动控制实验工况

（1）空载上提实验

　　实验中,空载上提过程中 -1.5 m/s² 和 -2.0 m/s² 加速度下,两种不同 PID 控制模式时的加速度变化过程分别如图 8-13 和图 8-14 所示,具体的响应时间对比如表 8-4 所示。由表可知,空载状态下提升机在上提过程中的响应时间均小于 0.8 s,满足相关规程要求。

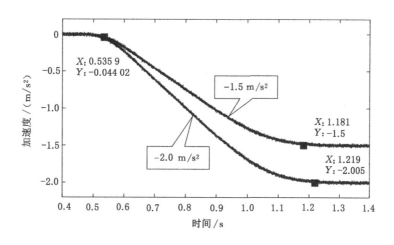

图 8-13　模糊 PID 控制下的空载上提实验

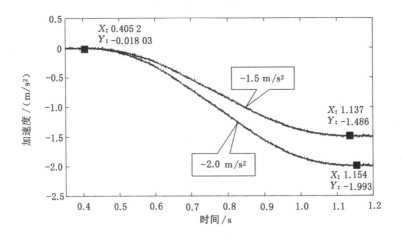

图 8-14 普通 PID 控制下的空载上提实验

表 8-4 空载上提时恒减速制动响应时间对比

加速度/(m/s²)	普通 PID 控制响应时间/s	模糊 PID 控制响应时间/s
-1.5	0.731 8	0.645
-2.0	0.748 8	0.683

（2）空载下放实验

空载下放过程中-1.5 m/s² 和-2.0 m/s² 加速度下，两种不同 PID 控制模式时的加速度变化过程分别如图 8-15 和图 8-16 所示，具体的响应时间对比如表 8-5 所示。由表可知，空载状态下提升机在上提过程中的模糊 PID 响应时间小于 0.8 s，满足相关规程要求；但普通 PID 的响应时间大于 0.8 s，不满足相关规程要求。

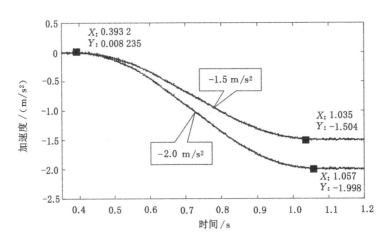

图 8-15 普通 PID 控制下的空载下放实验

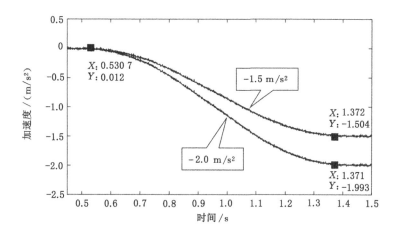

图 8-16 模糊 PID 控制下的空载下放实验

表 8-5 空载下放时的恒减速制动响应时间对比

加速度/(m/s²)	普通 PID 控制响应时间/s	模糊 PID 控制响应时间/s
−1.5	0.840 3	0.641 8
−2.0	0.841 3	0.683 0

（3）满载上提实验

满载上提过程中−1.5 m/s 和−2.0 m/s² 加速度下，两种不同 PID 控制模式时的加速度变化过程分别如图 8-17 和图 8-18 所示，具体的响应时间对比如表 8-6 所示。由表可知，提升机在上提过程中的制动响应时间小于 0.8 s，满足相关规程要求。

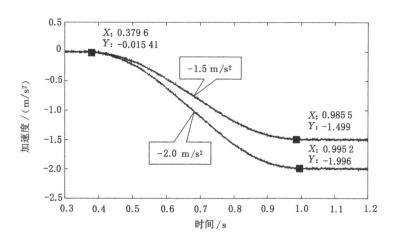

图 8-17 模糊 PID 控制下的满载上提实验

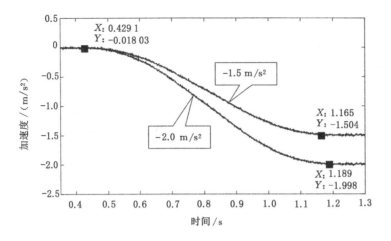

图 8-18　普通 PID 控制下的满载上提实验

表 8-6　满载上提时恒减速制动响应时间对比

加速度/(m/s²)	普通 PID 控制响应时间/s	模糊 PID 控制响应时间/s
−1.5	0.735 9	0.605 9
−2.0	0.759 9	0.615 6

（4）满载下放实验

满载下放过程中−1.5 m/s² 和−2.0 m/s² 加速度下,两种不同 PID 控制模式时的加速度变化过程分别如图 8-19 和图 8-20 所示,具体的响应时间对比如表 8-7 所示。由表可知,提升机在上提过程中的模糊 PID 响应时间小于 0.8 s,满足相关规程要求;但普通 PID 的响应时间大于 0.8 s,不满足相关规程要求。

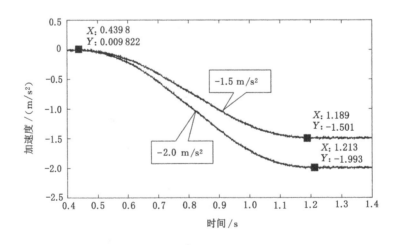

图 8-19　模糊 PID 控制下的重载下放实验

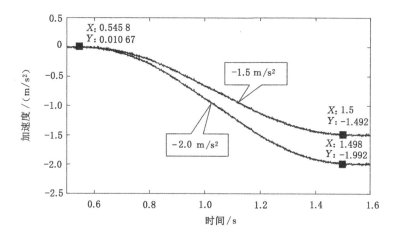

图 8-20　普通 PID 控制下的重载下放实验

表 8-7　满载下放时恒减速制动响应时间对比

加速度/(m/s²)	普通 PID 控制响应时间/s	模糊 PID 控制响应时间/s
−1.5	0.952 2	0.749 2
−2.0	0.954 2	0.773 2

8.3　基于嵌入式系统的恒减速制动实验

8.3.1　加速度算法测试实验

加速度值是恒减速制动控制的一个主要比较参数,其数值的准确性直接影响到整个控制系统的控制效果。为验证所提加速度算法的实际计算效果,基于主轴旋转,设计了加速度算法测试实验。主要验证对象包括加速度和减速度及其变化率,分别采用卡尔曼滤波器与传统方法做实验比较分析。

实验台的布局已在前述内容中介绍,在实验台的基础上将光电编码器安装在主轴惰轮上,并将信号采集至主控电路,如图 8-21 所示,通过电控板收集原始数据,以便做进一步分析处理。

根据提升机的运行阶段可将提升过程分为低速爬行阶段、匀加速阶段、全速运行阶段、匀减速阶段,如图 8-22 所示,以该运行阶段测试算法的可靠性。减速度检测过程中将启动信号、制动信号和编码器脉冲信号同步采集至数据存储器。利用脉冲原始数据在不同方法下进行离线处理,将结果在不同运行阶段的时域中进行分析。

对于低速运行的旋转运动,工程中常采用基于光电编码器的 T 法检测,加速度算法测试实验中采用第 7 章中设计的卡尔曼滤波估计进行加速度的精度分析。如图 8-23 所示为两种方法对原始脉冲数据的处理结果。

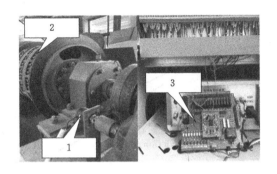

1—光电编码器;2—摩擦轮;3—电控系统。

图 8-21　加速度实验组成

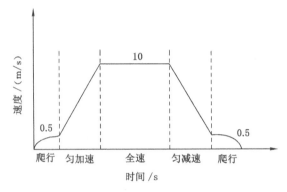

图 8-22　提升机运行阶段

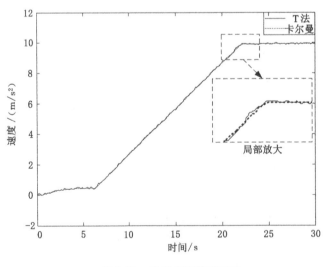

图 8-23　速度处理结果对比

　　由实验结果可以看出,提升过程为启动时的爬行阶段和匀加速提升阶段,当加速至10 m处时,提升机开始做匀速运行。两种方法检测到的速度变化趋势一致,且结果相差并不大。为一步观测两种方法的精度,图中对部分过程进行局部放大,由局部放大图可看出,卡尔曼滤波方法处理后的速度的误差及波动明显小于 T 法,经卡尔曼滤波器估计后的速度曲线更加平缓。加速度值可直接对速度曲线进行一次微分获取,因此速度曲线中的干扰会得到进一步减弱。

对速度曲线进行一阶微分后可得到加速度曲线,如图 8-24 所示为两种方法获取的加速度曲线图,前述内容中已经介绍过传统的 T 法获取的速度值为某一时间间隔内的平均值,该值与实测的当前值存在一定误差。鉴于此,在卡尔曼滤波器中加入了运动模型概念,对采集过程中出现的误差具有一定的修正效果,从而改善了传统方法将误差噪声放大的缺陷。两种方法对比发现,卡尔曼滤波器估计所获的加速度曲效果优于传统方法。

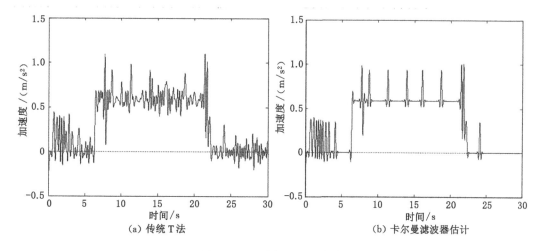

图 8-24　两种方法加速度曲线

由实验对比分析可看出,两种求解加速度的方法中,卡尔曼滤波器估计在干扰抑制方面有更好的效果,在编码器原始数据采用中带来的过程噪声可最大限度得到抑制。同时,卡尔曼滤波器估计在计算速度和加速度过程中采用微分算法,相比传统的差分算法精度得到进一步保障。实验结果还表明,卡尔曼滤波算法过程中,R、Q 的取值对速度计算会有一定影响[157]。前述内容中已介绍当卡尔曼滤波器的初始值选择合理时算法具有快速的收敛性和收敛精度,同时能有效抑制高幅振荡的产生,这对卡尔曼滤波器的计算效果有较大影响[158]。针对图 8-24(b)中的局部强干扰可通过设置阈值方式将其滤掉,阈值大小可根据现场实验来确定。

实验结果说明,卡尔曼滤波器估计的加速度值精度高于传统方法,能满足恒减速制动控制中对精度和实时性的要求。

8.3.2　贴闸过程动态响应实验

为进一步验证算法的可靠性,根据提升运输制动系统的相关规程要求,对恒减速制动控制性能做实验,验证过程包括恒力矩制动与恒减速制动控制的切换和切换的动态响应,具体要求如下:

(1)恒减速制动过程中,紧急制动启用恒减速时,制动闸瓦的空行程时间在 0.3 s 以内;

（2）从制动安全信号发出到恒减速制动建立的动态响应时间在 0.8 s 以内。

实验条件与基于 PLC 控制的实验系统一致,实验过程中将主要控制信号切换为嵌入式系统即可,将电控系统的输入、输出接口分别与对应的控制对象链接,所有模拟量控制接口均与对应控制阀相连。

实验过程中,启动提升实验系统,通过数字信号模拟紧急制动信号,并将其接入电路,通过该信号的激励,模拟当实际提升过程中出现紧急制动状况时的两种制动模式是否能顺畅切换。进一步地由控制输出打开电磁换向阀,同时将溢流阀的阀芯位置信息采集、存储到系统数据存储器中,油压信号由安装于溢流阀附近油路接口的压力传感器采集至控制系统。贴闸的实验原理如图 8-25 所示。

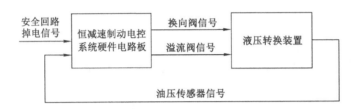

图 8-25　贴闸实验原理

为准确验证贴闸过程的动态响应特性,对制动系统进行两次贴闸实验验证,得到的动态响应曲线如图 8-26、图 8-27 所示,图中展示了紧急制动信号发与制动系统的压力信号之间的关系。通过实验结果可得出系统油压和贴闸油压等信息,二者分别为 6.5 MPa 和 4.152 MPa,与实际提升现场的油压值相似。

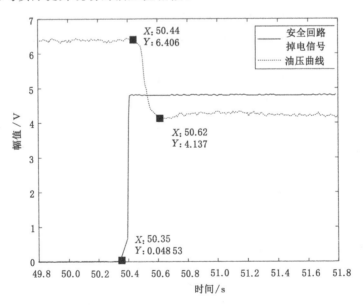

图 8-26　贴闸响应曲线(1)

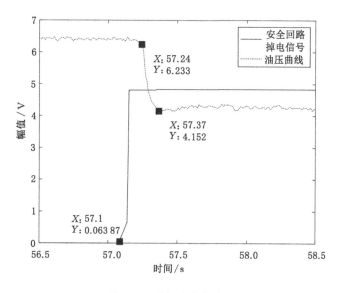

图 8-27　贴闸响应曲线(2)

实验结果表明,控制系统从安全回路指令发出开始到稳定制动过程所需要的时间分别为 0.18 s、0.13 s。因此制动动态响应时间满足电控系统对响应时间 0.3 s 的要求。除此之外,制动过程中的油压具有响应时间短、误差小及无较大振荡的优点。

8.3.3　恒减速响应实验

根据搭建好的实验系统,为模拟液压转换装置的动态性能,以阀口处的压力值作为系统油压的衡量指标,与整个液压站的各元器件相比,将相同的溢流阀作为对比分析对象。虽然该实验过程与提升现场环境不完全一样,但能从一定角度反映恒减速制动效果及动态响应情况,对实际现场提升制动控制可起到一定的数据支撑与控制理念指导作用。

当电控板电源接通后,将安全回路断开,此时由电控系统信号接收端将安全回路断电信号作为恒减速制动控制的激励信号,将加速度设定为 -2 m/s^2,即可得到恒减速制动控制的动态响应特性曲线,如图 8-28 所示。

由实验结果可知,从安全回路掉电信号发出到恒减速制动建立的时间为 0.75 s(13.11 s $-$ 12.36 s),且此时的误差 5% 以内,满足恒减速制动控制对控制系统动态响应特性要求。减速制动过程中,油压值基本稳定在 4.5 MPa 左右,当恒减速制动建立后,加速度值基本稳定在 -2 m/s^2 上下 5% 的范围内。此外,制动启动初期,由于油压值的突然变动,在恒减速制动控制建立开始时有部分油压波动,但减速度变化依然是平稳的,说明恒减速的控制算法有效,可将工况变化对恒减速制动的影响限定在最小。从安全回路掉电信号发出的时间第 12.36 s 开始,到系统开始启动恒减速制动的时间第 12.39 s,历时为 0.03 s,由此判断电控系统对安全回路掉电信号有较快的响应速度。从减速启动开始的第 28.5 s 到结束的第 31 s,总时长为 2.5 s。

采用同样的实验方法对加速度为 -3 m/s^2 进行恒减速控制实验,如图 8-29 所示为设置的加速度为 -3 m/s^2 时的实验结果。由图可知,从安全回路掉电信号发出开始到恒减速制

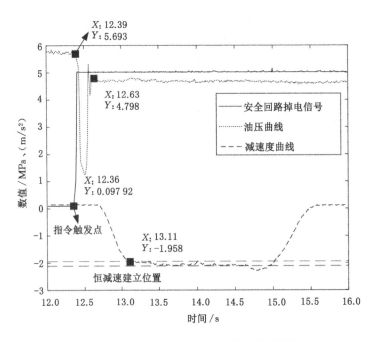

图 8-28 加速度为 $-2\ \mathrm{m/s^2}$ 的制动实验结果

动建立完成的时间为 0.85 s(28.66 s—27.81 s),且此时的误差在 5% 以内,满足恒减速制动控制对控制系统动态响应特性要求。减速制动过程中,油压值基本稳定在 4.5 MPa 左右,当恒减速制动建立后,加速度值基本稳定在 $-3\ \mathrm{m/s^2}$ 上下 5% 的范围内。此外,从安全回路掉电信号发出到恒减速制动开始的时间 0.05 s,由此判断电控系统对安全回路掉电信号有较快的响应速度。

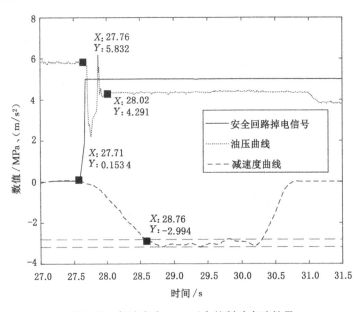

图 8-29 加速度为 $-3\ \mathrm{m/s^2}$ 的制动实验结果

8.4　恒减速制动静态实验

恒减速制动控制静态实验指的是提升机无提升速度时,单独针对恒减速制动系统中各个液压元件性能的实验,并结合各个元件的性能评判整个制动系统的运行性能。主要包括电磁换向阀、电液比例溢流阀以及系统的全卸压响应时间性能实验。前述内容中已经对电磁换向阀与电液比例溢流阀做了相关实验分析,考虑到卸压过程对提升容器运行的振荡特性影响最大,因此,静态实验中仅针对系统全卸压和贴闸过程进行实验分析。

系统全卸压的动态性能实验过程如下:

进入控制系统监控界面后,首先向电磁比例溢流阀输出一个高电压值,使得恒减速制动系统的油压回路处于截止状态,此时开启液压泵,液压系统不断给蓄能器与制动器闸瓦补充压力油,当油液充满后,恒力矩制动控制将因系统掉电而处于失效状态。此时,电磁阀 G_1、G_2、G_4 同时得电,提升制动系统由恒力矩制动自动切换为恒减速制动,同时,电液比例溢流阀的驱动电压降为 0 V,系统处于卸压状态,在此运行状态下实时采集电磁换向阀的驱动信号及系统油压的变化曲线。实验过程中未提及的电磁换向阀均处于失电状态。

采集后的实验数据经数据图形化处理分析后,对其时域信号进行分析,如图 8-30 所示。

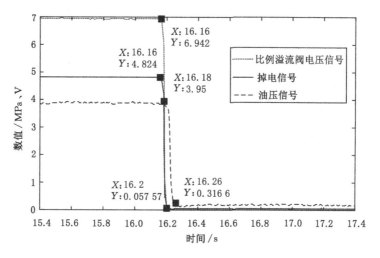

图 8-30　系统全卸压动态时域图

根据实验结果对各个运行关键点进行结果统计,如表 8-8 所示。

表 8-8　全卸压动态响应统计

	启动运行点	油压响应时间	稳定油压点	动态响应时间/s	振幅最大值/MPa
掉电信号	(16.16,4.824)	(16.18,4.824)	(16.26,0.057 6)	0.1	0.12
比例阀信号	(16.16,6.958)	(16.18,3.95)	(16.26,0.316 6)	0.1	0.12

由表 8-8 的实验结果统计可以看出,当电压信号从 5 V 变为 0 V 时,系统的油压值由稳

定时候的 4 MPa 降低到残压值 0.3 MPa,整个动态过程的变化历时为 0.12 s,对电压信号的响应延迟时间约为 0.02 s,比例溢流阀对电压信号的响应时间为 0.08 s。

由卸压过程中比例溢流阀、油压信号的动态响应结果可知,其响应特性满足《煤矿安全规程》和《煤矿用 JTP 型提升绞车安全检验规范》(AQ 1033—2007)中对液压站及油压稳定性的要求:

(1)恒减速制动过程中当启用安全制动时,制动器闸瓦到制动盘之间的空行程时间在 0.3 s 以内;

(2)当油压系统的油压值在$(0.2\sim0.8)p_{max}$时,油压信号随控制信号的变化延迟时间保持在 0.15 s 以内;

(3)油压满足工作稳定性需求,当油压值在$(0\sim0.8)p_{max}$时,油压的上下波动值应该在 0.2 MPa 以内(实验结果为 0.12 MPa,小于标准中的 0.2 MPa)。

恒减速制动,贴闸过程静态实验的步骤如下:

启动恒减速制动控制系统,同时开启液压系统,此时提升机开始运行,由液压系统向蓄能器充油,当系统油压值稳定后,制动系统的驱动电压掉电,电磁换向阀 G_1、G_2、G_4 同时获得驱动电压,并启动恒减速制动控制系统。此外,比例溢流阀由于获得 3.5 V 的控制电压信号,油压系统的压力由 5.5 MPa 降低为 4.8 MPa,并在该油压附近小范围波动。实验过程中采集恒减速制动功能建立过程中各个电磁阀的驱动信号变化以及系统油压压力的时域变化。未说明的部分液压元件在实验过程中一直处于失电状态。

根据实验要求,将相关数据采集后利用 MATLAB 进行时域曲线显示,如图 8-31 所示为贴闸过程中比例溢流阀电压信号、安全回路掉电信号和油压信号的变化时域图。根据实验结果,将重要过程统计到表 8-9 中。

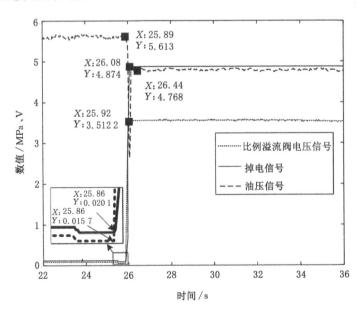

图 8-31　系统贴闸实验动态时域图

表 8-9　贴闸实验结果统计

	启动运行点	油压响应时间	稳定油压点	动态响应时间/s	油压振幅最大值/MPa
掉电信号	(25.86,0.020 1)	(25.89,4.874)	(26.44,4.768)	0.58	0.13
比例阀信号	(25.86,0.015 7)	(25.89,35.122)	(26.44,3.623)	0.58	0.13

由实验结果数据统计表可知,从恒力矩制动系统切换开始到电液比例溢流阀的驱动电压由 0 增加至 3.5 V 的时间约为 0.58 s,此外,系统油压值从 5.5 MPa 降低到稳定电压 4.8 MPa 时所用的时间也大致为 0.58 s。动态响应过程显示系统电信号所占用的响应时间大约为 0.03 s,液压系统中的比例溢流阀的响应时间约为 0.55 s,滞后时间约为 0.05 s,满足制动系统的动态响应需求。

由恒减速制动切换过程中的贴闸实验动态响应结果可知,其响应特性满足《煤矿安全规程》和《煤矿用 JTP 型提升绞车安全检验规范》(AQ 1033—2007)中对液压站及油压稳定性的规程要求。

8.5　恒减速制动动态实验

与静态实验不同的是,动态实验是在静态实验的基础上,提升机处于启动状态,实验过程中通过在上位机监界界面中给定一个减速度,当安全回路掉电时,测试液压制动系统的制动曲线是否与给定减速度的值保持一致,由此判断恒减速制动的效果。除比较减速度值精度以外,从信号发出到恒减速制动建立的时间以及稳定过程中的减速度波动也是动态实验的一部分。

由上述可知,恒减速制动控制的动态实验包含两个内容,第一个实验内容为:液压系统的油压值大小反馈,实验过程中提升机处于停机状态,实验对象仅针对盘式制动器的泄油过程,液压制动系统通过给定减速度值的大小对整个制动系统的制动压力进行调整,由此检测油压值对电压控制信号的响应特性,并将该结果作为下个实验的数据基础。另一个实验内容为:将提升机的运行速度作为控制系统的反馈信号,提升机在正常运行过程中给提升系统一个掉电信号,该信号发出后,判断恒减速制动控制的控制效果。将实测减速度大小与给定减速度比较,根据减速度的差值对比例溢流阀施加对应的控制电信号,由此判断恒减速的制动效果。值得注意的是,该动态实验过程中,将油压压力的动态调整效果作为恒减速制动力的主要判断依据,以该压力值作为恒减速制动力的主要参考,该制动力与实际制动过程存在一定差距,实验过程中有必要加以考虑。

恒减速制动控制油压信号随控制信号的变化实验如下:

实验中,首先通过监控界面中的参数设置模块将液压阀 G_1、G_2、G_3、G_4、G_5 均设置为关断状态,此时系统向液压阀 G_6、G_7 的输出控制电压值为 0 V。当液压制动系统刚启动时,提升机处于停车模式,直至系统压力逐渐升为 5 MPa 时,将液压阀 G_1 关断,此时系统转变为恒力矩制动状态,并由液压系统向蓄能器补充油液,过段时间后系统压力逐渐趋于平稳。系统油压趋于稳定时,通过上位机监控界面将液压阀 G_1 打开,此时的恒力矩制动处于激活状态。设定实验过程中所需的 P、I、D 参数初始值,根据实验现场的调试过程,将比例系数 P 设置为 35,积分环节 I 的时间值为 0.09 s,微分环节 D 的时间值为 0.52 s,目标调节压力为 4 MPa。设置完成后,系统由安全回路断电信号判断是否开启液压阀 G_3,并有比例溢流阀 G_6 的阀芯开度控制恒减速制动的压力实时调整。根据实验条件得到的压力动态调整曲线如图 8-32 所示。

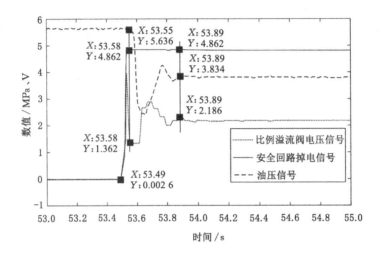

图 8-32 液压系统油压动态实验曲线

为更方便比较实验结果,将液压系统的动态实验结果各个关键时间点统计为如表 8-10 所示。

表 8-10 液压动态实验响应统计

信号类型	启动运行点	油压响应时间	稳定油压点	动态响应时间/s	振幅最大值/MPa
掉电信号	(53.49,0.026)	(53.58,4.862)	(53.89,4.862)	0.4	0.12
比例阀信号	(53.49,0.026)	(53.58,1.362)	(53.89,2.186)	0.4	0.12

由实验统计结果可知,制动系统从恒力矩制动失效到油压系统压力从 5.5 MPa 下降至 3.9 MPa 的过程共计响应时长为 0.4 s,结果略超过了相关规程规定,可将该结果作为参考,具体的制动效果可在实际运行中进一步验证。

为进一步验证恒减速制动的动态响应,对恒减速制动过程做动态响应验证实验,具体过程如下:

测试过程中,将系统的电控系统设置为自动切换模式,并在控制界面完成各个控制参数的设置。通过实验可知,实验台对应的控制参数比例系数 P 为 26,积分系数 I 为 0.04 s,微分系数 D 为 0.1 s 时减速度的控制性能最优越。

根据以上控制参数,将目标减速度值设定为 -2.3 m/s²,在监控界面中将液压阀 G_1、G_2、G_3、G_4、G_5 的状态调整为关闭,并将溢流阀 G_6、G_7 的控制电压设为 0。阀体状态设置完成后,启动油压系统,此时提升机处于运行状态,待正常运行时,将安全回路断开,系统通过判断安全回路的状态自动开启 G_3，由比例溢流阀 G_6 的阀芯实时控制，从而实现恒减速制动的控制。基于上述实验条件，采集安全回路掉电信号时减速度、油压信号及控制电压信号的时域曲线如图 8-33 所示。

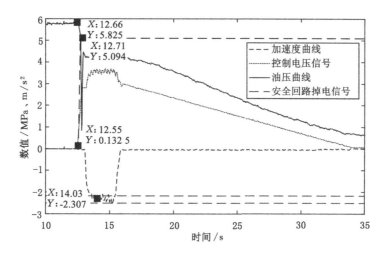

图 8-33　恒减速制动控制动态实验(-2.3 m/s^2)

为更方便比较实验结果，将恒减速制动动态实验结果各个关键时间点统计为如表 8-11 所示。

表 8-11　恒减速制动控制动态实验响应统计(-2.3 m/s^2)

信号类型	启动运行点	响应开始时间	稳定油压点	动态响应时间	振幅最大值
掉电信号	(12.55,0.132 5)	/	(12.48,4.84)	0.01 s	/
油压	/	(12.66,5.825)	(12.91,3.99)	0.25 s	0.1 MPa
加速度	/	(12.55,0)	(14.03,-2.31)	0.76 s	0.1 m/s^2

由实验统计结果可知，制动系统从恒力矩制动失效到油压系统压力从 5.5 MPa 下降至 3.9 MPa 的过程共计响应时长为 0.25 s，满足相关规程要求。此外，从安全回路断开到恒减速制动完成所需要的时间为 0.76 s。恒减速制动过程的动态响应实验中，提升机处于提升运输状态，所得的实验结果与提升现场更加接近，对标相关规程可知，该结果满足要求。

为进一步验证恒减速制动效果的普适性，加减速度的值设为 -3.2 m/s^2，在监控界面中将液压阀 G_1、G_2、G_3、G_4、G_5 的状态变为关闭，并将溢流阀 G_6、G_7 的控制电压设为 0。阀体状态设置完成后，启动油压系统，此时提升机处于运行状态，待正常运行时，将安全回路断开，系统通过判断安全回路的状态自动开启 G_3，由比例溢流阀 G_6 的阀芯实时控制，从而实现恒减速制动的控制。基于上述实验条件，采集安全回路掉电信号时减速度、油压信号及控制电压信号的时域曲线如图 8-34 所示。

为更方便比较实验结果，将恒减速制动动态实验结果各个关键时间点统计为如表 8-12 所示。

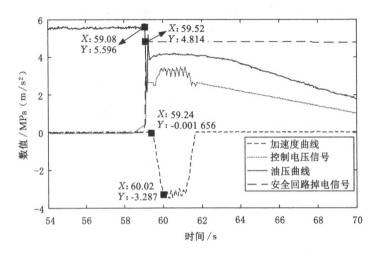

图 8-34 恒减速制动控制动态实验($-3.2\ \mathrm{m/s^2}$)

表 8-12 恒减速制动控制动态实验响应统计($-3.2\ \mathrm{m/s^2}$)

信号类型	启动运行点	响应开始时间	稳定油压点	动态响应时间	振幅最大值
掉电信号	$(58.96,0.001\ 7)$	/	$(58.97,4.8)$	0.01 s	0
油压	/	$(59.08,5.59)$	$(59.11,4.814)$	0.24 s	0.11 MPa
加速度	/	$(59.24,0)$	$(60.02,-3.287)$	0.78 s	0.19 $\mathrm{m/s^2}$

由实验统计结果可知,制动系统从恒力矩制动失效到油压系统压力从 5.5 MPa 下降至 3.9 MPa 的过程共计响应时长为 0.24 s,满足相关规程要求。此外,制动闸瓦的贴闸响应时间为 0.28 s,从安全回路断开到恒减速制动完成所需要的时间为 0.78 s。恒减速制动过程的动态响应实验中,提升机处于提升运输状态,该结果满足相关规程要求。实验结果显示恒减速制动控制恒力矩向恒减速制动的转换,满足相关规程中对液压站及油压稳定性的要求。

8.6 本章小结

(1)根据实验要求,结合提升机实际提升环境,搭建了提升机恒力矩、恒减速制动控制实验台,该实验台可针对恒减速制动中比例溢流阀、蓄能器、开闸、贴闸等主要元器件和制动环节做相关实验。基于实验台还可进行基于 PLC 控制和基于嵌入式系统的实验效果验证。

(2)基于 PLC 控制进行了比例溢流阀的响应特性分析,并进行了恒减速制动控制效果的动态响应实验。实验过程中,将阶跃信号、三角波信号和斜坡信号分别施加到比例溢流阀两端,以测试比例溢流阀在阶跃信号、三角波信号和斜坡信号的激励下其动态响应特性。实验结果表明,比例溢流阀的动态随动性与基于 MATLAB 和 AMESim 联合仿真的结果基本保持一致,现场实验和仿真实验结果表明,比例溢流阀的动态响应特性满足《煤矿安全规程》要求。基于实验台,以 PLC 作为恒减速制动的控制器,验证了普通 PID 算法和模糊 PID 算法的效果差异,分别选择 $-1.5\ \mathrm{m/s^2}$ 和 $-2.0\ \mathrm{m/s^2}$ 两个加速度等级进行实验,每种控制策略中分别进行空载上提、空载下放、满载上提和满载下放共八组实验。实验结果表明,基于 PLC 的模糊 PID 控制下的恒减速制动控制动态响应时间均小于普通 PID 控制下的响应时间,且精度优于普通 PID 控制。此外,模糊 PID 控制下的恒减速制动控制减速度曲线的波动较小,平稳性较好。因此,模糊 PID 控制下的响应速度及响应精度满足《煤矿安全规程》对提升机制动系统的减速度控制要求,所设计的模糊 PID 控制器有较好的控制性能。

（3）基于嵌入式系统,通过提升机的爬行、匀加速、全速、匀减速和低速爬行阶段的加速度处理结果,验证了加速度处理方法中的 T 法和卡尔曼滤波估计两种方法的处理效果。结果表明,利用所设计的卡尔曼滤波估计得到的减速度值与真实值之间更接近,且在数据处理速度和处理精度方面均有较好的效果。此外,以嵌入式系统作为控制核心,对电控柜系统的开闸、贴闸动态响应进行了实时性测试实验,以安全回路掉电信号作为液压装置转换的激励信号,并以换向阀和溢流阀的阀芯信号作为油压值控制信号,根据油压信号的反馈结果可知,系统的初始油压值和贴闸油压值均与实际提升现场接近。从安全回路掉电信号开始到油压值达稳定值的时间小于 0.3 s,满足制动闸瓦的空行程的要求。将嵌入式系统作为比例溢流阀的核心,分别验证给定加速度为 -1.5 m/s² 、-2 m/s² 时空载上提和下放、重载上提和下放几种工况下的减速度控制效果,实验结果表明,从紧急制动信号发出开始,到恒减速制动过程建立完成具有较好的动态响应效果,此外,从信号接收开始到闸瓦开始动作的时间在 0.12 s 以内。并且在恒减速制动过程中,减速度的上下波动误差保持在 $\pm 0.5\%$ 以内,能实现平稳减速制动。

（4）对恒减速制动控制系统进行全卸压响应时间测试,研究当安全回路掉电后,比例溢流阀的控制信号和油压之间的关系,从而对卸压过程实现静态实验。实验结果表明,系统油压从工作时的 4 MPa 降低到残压值 0.3 MPa 所用的时间在 0.15 s 以内。此外,系统贴闸过程的静态实验表明,比例溢流阀的控制电压从 0 V 变为 0.35 V,制动系统的油压值由 5.5 MPa 降低至稳定值 4.8 MPa 时所需的响应时间在 0.8 s 以内。参照《煤矿用 JTP 型提升绞车安全检验规范》(AQ 1033—2007)中对液压站及油压稳定性的要求,液压站的响应速度满足要求。

（5）在提升机试验台正常运行时,对提升机制动进行动态响应动态实验。实验包括两个方面,一个是提升机处于未运行状态下进行的压力动态实验,结果表明,从恒力矩制动失效到油压系统从 5.5 MPa 降低到 3.99 MPa 的稳定值所需的时间约为 0.4 s,该过程的效果不如提升机运行时进行的实验。另一个是当提升机处于正常运行时,进行恒减速制动控制实验,分别将加速度值设定为 -2.3 m/s² 和 -3.2 m/s²。两组实验的结果表明,油压的响应时间在 0.3 s 以内,加速度的波动值在 0.2 m/s² 以内,具有减速过程运行平稳的优点,因此,所设计的恒减速制动控制转换装置满足制动控制精度与制动响应速度的要求。

参 考 文 献

[1] 郭忠俊.基于数据挖掘技术的矿井提升机故障诊断研究[D].徐州:中国矿业大学,2015.

[2] 煤矿安全网.五建公司二处东大项目部"3.18"重大提升运输死亡事故[EB/OL]. https://www.mkaq.org/html/2019/06/30/486915.shtml.

[3] 中国新闻网.湖南冷水江矿山发生罐笼坠落事故 26 人死 5 人伤[EB/OL]. http:// www.chinanews.com.cn/sh/news/2009/10-08/1899809.shtml.

[4] 麻慧君.矿用提升机全数字软硬件冗余恒减速制动系统研究[D].太原:太原理工大 学,2013.

[5] 冯敏.矿井提升机盘式制动器失效原因分析及解决方案研究[D].长沙:中南大学,2012.

[6] 吴忠强,刘志新,魏立新.控制系统仿真及 MATLAB 语言[M].北京:电子工业出版 社,2009.

[7] 史书林,肖兴明,丁海港.节能型提升机恒减速液压制动系统的研究[J].机床与液压, 2010,38(22):58-60.

[8] MA J, SUMALI H. Digital Electrohydraulic Control for Constant Deceleration Emer-gency Braking [C]//SAE International Off-highway Congress Co-located with CONEXPO-CON/AGG, Las Vegas, Nevada, 2002.

[9] 卢洪志.提升机新型液压制动系统原理分析[J].金属材料与冶金工程,2012,40(S1): 58-61.

[10] 闫吉领,朱述川,王力.浅析两种提升机恒减速液压制动系统[J].煤矿机电,2010(4): 84-86.

[11] 刘大华,张凤林,王继生,等.一种矿井提升机恒减速安全制动系统及制动方法: CN102030280A[P].2011-04-27.

[12] 罗建中,梁玉,陈作庆,等.矿井提升机恒减速制动的研究[J].矿山机械,2010,38(13): 58-61.

[13] 朱云霞,菅从光,袁兴.矿井提升机恒减速制动控制系统的研究[J].煤矿机械,2007,28 (2):121-123.

[14] 刘景艳,郭顺京,李玉东.基于模糊小波神经网络的提升机恒减速制动系统的研究[J]. 工矿自动化,2010,36(6):40-43.

[15] 孙向文,孙立功,何谷慧.模糊神经网络在矿井提升机恒减速控制系统中的应用研究 [J].矿山机械,2008,36(9):41-44.

[16] 刘建永.矿井提升机监控系统的分析与设计[D].北京:中国地质大学(北京),2009.

［17］ 陶林裕.矿井提升机盘式制动器监控系统的研究［D］.长春:吉林大学,2011.

［18］ 赵强.提升机制动系统动态特性仿真及试验研究［D］.太原:太原理工大学,2016.

［19］ 徐文涛.矿井提升机恒减速电液控制系统设计研究［D］.徐州:中国矿业大学,2020.

［20］ 余军伟,李丹.提升机液压站制动油压的整定与系统优化设计［J］.矿山机械,2013,41 (4):56-58.

［21］ 张天霄.液压元件的可靠性设计和可靠性灵敏度分析［D］.长春:吉林大学,2014.

［22］ 马琳,吴顿,李德翔.提升机安全制动并联冗余的回油通道设计和分析［J］.中州煤炭, 2016(12):91-95.

［23］ 胡秀海,高伦,尹强.矿井提升机附备恒减速液压系统设计［J］.煤矿机电,2016(6): 57-58.

［24］ 杨玉涛.提升机恒减速制动过程仿真分析及控制系统设计［J］.山东煤炭科技,2016 (10):83-86.

［25］ 康喜富,李斌,权龙,等.矿用提升机恒减速制动特性研究［J］.液压与气动,2017(5): 79-83.

［26］ 雷勇涛.基于神经网络的提升机制动系统故障诊断技术与方法［D］.太原:太原理工大学,2010.

［27］ LI Y,FRANK P A C, Zhu C C,et al. Reliability assessment of the hydraulic system of wind turbines based on load-sharing using survival signature［J］. Renewable energy,2020,153(6):766-776.

［28］ 桑安乐.ABB液压站原理及应用分析［J］.淮南职业技术学院学报,2007,7(1):11-13.

［29］ 朱凯,高峰,刘大领,等.ABB矿井提升机系统安全保护功能分析［J］.工矿自动化, 2013,39(5):95-97.

［30］ 杨陆明.关于瑞典ABB液压站在立井提升系统中的制动性能的研究与分析［J］.科技与企业,2013(16):355.

［31］ 高云龙,贾砚成,宋红社.提升机恒力矩与恒减速制动液压站原理分析［J］.中国高新技术企业,2011(25):74-75.

［32］ 闫吉领,朱述川,王力.浅析两种提升机恒减速液压制动系统［J］.煤矿机电,2010(4): 84-86.

［33］ STOTHERT A,MACLEOD I M.Distributed intelligent control system for a continuous-state plant［J］.IEEE transactions on systems,man,and cybernetics,Part B (Cybernetics),1997,27(3):395-401.

［34］ SAKURAI Y, NAKADA T, TANAKA K. Design method of an intelligent oil-hydraulic system［C］// Proceedings of the 2002 IEEE International Symposium on Intelligent Control, Vancouver, Canada, October, 2002.

［35］ 程玉,张志斌.基于AMESim/Simulink联合仿真的电动辅助转向系统的建模与仿真［J］.安徽水利水电职业技术学院学报,2020,20(1):1-5.

［36］ SORIANO,HIEN.An electro-hydraulic station controller retro-designed with UML capsules[C]//Proceedings of the IEEE International Symposium on Industrial Electronics ISIE-02,Dubrovnik,2002.

[37] YANG I,LEE W,HWANG I.A model-based design analysis of hydraulic braking system[C]//SAE Technical Paper Series. 400 Commonwealth Drive, Warrendale, PA,United States,2003.

[38] MASOOMI M,KATBAB A A,NAZOCKDAST H.Reduction of noise from disc brake systems using composite friction materials containing thermoplastic elastomers (TPEs)[J].Applied composite materials,2006,13(5):305-319.

[39] DEL VESCOVO G,LIPPOLIS A.A review analysis of unsteady forces in hydraulic valves[J].International journal of fluid power,2006,7(3):29-39.

[40] 马秀红.矿用提升绞车液压系统故障分析和判断[J].机械管理开发,2006,21(4):41-42.

[41] 徐军,陈军,胡刘扣,等.新型提升机恒减速液压制动系统的设计[J].煤矿机械,2008,29(7):127-128.

[42] ZIO E,PEDRONI N.Functional failure analysis of a thermal-hydraulic passive system by means of Line Sampling[J].Reliability eengineering and system safety,2009,94(11):1764-1781.

[43] WANG Q,XIAO X M,MA C,et al.Dynamic monitoring of mine hoist braking system based on PLCs[C]// IEEE International Conference on Cyber Technology in Automation,Control,and Intelligent Systems.Kunming,China.IEEE, 2011.

[44] 宫磊,张文仲,齐文海,等.矿井提升机液压系统的专家 PID 设计[J].电子技术,2013,40(6):44-45.

[45] AMIRANTE R,et al.Experimental and numerical analysis of cavitation in hydraulic proportional directional valves[J].Energy conversion and management,2014,87:208-219.

[46] LUAN J,WANG Q,HE X H,et al.Fluid-solid coupling analysis of hydraulic poppet valves based on CFD[C]//Mechanics and Mechatronics (ICMM2015).Changsha,China,2015.

[47] 刘强.矿井提升机数字恒减速制动控制器的设计[J].微计算机信息,2009,25(13):43-45.

[48] 陆建国.摩擦轮提升机恒减速制动装置的应用[J].电气传动自动化,1998,20(4):76-78.

[49] 雷淮刚,谢桂林,杨志群.提升机恒减速制动系统研究[J].江苏煤炭,1995,20(1):21-23.

[50] 洪晓华.矿井运输与提升[M].徐州:中国矿业大学出版社,2014.

[51] 国家安全生产监督管理总局,国家煤矿安全监察局.煤矿安全规程[M].北京:煤炭工业出版社,2010.

[52] 张楚贤,谈建武,凌俊杰,沈之敏.恒减速度液压制动系统的研制[J].煤矿设计,1998,30(11):12-18.

[53] 解启栋.矿井提升机安全制动减速度及其测定[J].煤矿机械,2006,27(10):174-176.

[54] MILIK A，HRYNKIEWICZ E . Hardware mapping strategies of PLC programs in FPGAs[J]. IFAC- papers online,2018,51(6):131-137.

[55] 肖岱宗.AMESim 仿真技术及其在液压元件设计和性能分析中的应用[J].舰船科学技术,2007,29(S1):142-145.

[56] 李军霞,寇子明.电液比例溢流阀特性分析与仿真研究[J].煤炭学报,2010,35(2):320-323.

[57] 余佑官,龚国芳,胡国良.AMESim 仿真技术及其在液压系统中的应用[J].液压气动与密封,2005,25(3):28-31.

[58] 吴彦波.一种轮式挖掘机双回路全液压制动系统设计与仿真分析[D].湘潭:湘潭大学,2016.

[59] 马登成,杨士敏,陈筝,等.蓄能器对工程机械液压系统影响的仿真与试验[J].中国公路学报,2013,26(2):183-190.

[60] 马浩钦.基于恒压蓄能器的挖掘机动臂能量再生研究[D].太原:太原科技大学,2021.

[61] KARABANOV S M,KARABANOV A S,SUVOROV D V,et al.Study of the efficiency of hybrid energy storage systems on the basis of electric double layer capacitor and accumulator[J].MRS proceedings,2015,1773:41-46.

[62] TRUEBLOOD J S, BROWN S D, HEATHCOTE A. The multiattribute linear ballistic accumulator model of context effects in multialternative choice[J].Psychological review,2014,121(2):179-205.

[63] 丁成波,蔡家斌,刘文,等.基于 AMESim 与 ADAMS 高频破碎器的振动系统建模与仿真[J].机床与液压,2017,45(14):81-85.

[64] 秦泽,王爱红,马浩钦,等.基于 AMESim 的新型蓄能器节能分析[J].机床与液压,2021,49(20):137-140.

[65] 左大利.基于 AMESim 的 1 000 kN 快速压机液压系统动态特性分析[J].机床与液压,2021,49(20):110-114.

[66] 劳良铖.高速货车新型内轴箱转向架设计及动力学性能研究[D].成都:西南交通大学,2021.

[67] VIE D L,EDWARDS T B.Heat pump controller with user-selectable defrost modes and reversing valve energizing modes:US9964345[P].2018-05-08.

[68] SATOU M.Flow reversing valve and heat pump device using same:US9080688[P].2015-07-14.

[69] 赵天梁.水润滑条件下牛骨摩擦学特性实验研究[D].武汉:华中科技大学,2014.

[70] 付志明.矿井提升机多通道恒减速液压制动系统设计研究[D].徐州:中国矿业大学,2021.

[71] 丁勇.盘式制动器检测系统设计研究[D].徐州:中国矿业大学,2020.

[72] 罗宏博,张建锐,胡天林,等.基于 AMESim 的矿井提升机液压制动系统优化与仿真分析[J].矿山机械,2021,49(9):24-29.

[73] 崔蒙蒙.矿井提升机盘式制动器制动力矩测量方法研究[D].西安:西安科技大学,2018.

[74] 李生军.矿井提升机液压制动系统可靠性分析与探讨[J].中国矿山工程,2013,42(4):55-58.

[75] 钟浩杰,罗吉庆,张石磊,等.基于 FPGA 的模糊 PID 控制在下肢外骨骼中的应用研究[J].电子测量技术,2022,45(13):14-18.

[76] PRICE D,MUSGRAVE S D,SHEPSTONE L,et al.Leukotriene antagonists as first-line or add-on asthma-controller therapy[J].The New England journal of medicine,2011,364(18):1695-1707.

[77] VAR A,KUMBASAR T,YESIL E.An Internal Model Control based design method for Single input Fuzzy PID controllers[C]// IEEE International Conference on Fuzzy Systems,Istanbul,Turkey, 2015.

[78] 李超,谢振宇,吴传响,等.基于模糊控制的磁轴承 PID 控制算法研究[J].机械制造与自动化,2022,51(2):38-41.

[79] 朱强.基于 Matlab 的 PID 模糊控制系统设计[J].电子测试,2022,36(13):9-13.

[80] LYU D,SU H Q,LI Y,et al.An embedded linear model three-dimensional fuzzy PID control system for a bionic AUV under wave disturbance[J].Mathematical problems in engineering,2022,2022:1-19.

[81] MAHATO B,MAITY T,ANTONY J.Embedded web PLC:a new advances in industrial control and automation[C]//The Second International Conference on Advances in Computing and Communication Engineering,Dehradun,India, 2015.

[82] KOCIAN J,KOZIOREK J,POKORNY M.An approach to PLC-based fuzzy control[C]//Proceedings of the 6th IEEE International Conference on Intelligent Data Acquisition and Advanced Computing Systems,Prague,Czech Republic,2011.

[83] SHI L W,HU Y,SU S X,et al.A fuzzy PID algorithm for a novel miniature spherical robots with three-dimensional underwater motion control[J].Journal of bionic engineering,2020,17(5):959-969.

[84] 马晓阳,孙凤池,王雅梦,等.基于模糊自适应 PID 的多叶光栅双闭环控制[J].控制工程,2021,28(2):313-318.

[85] 张佳奇,张涛,杨佳龙,等.基于模糊自适应 PID 的无人驾驶车辆路径跟踪控制[J].大连民族大学学报,2021,23(3):218-222.

[86] 赵硕博,王维峰.临涣选煤厂中变频器的应用:以 ACS800 系列的变频器为例(ABB 的)[J].科技风,2015(3):86.

[87] BASILE F,CHIACCHIO P,GERBASIO D.Progress in PLC programming for distributed automation systems control[C]// 9th IEEE International Conference on Industrial Informatics,Lisbon,Portugal,2011.

[88] 黄兵锋,解方喜,傅佳宏.MATLAB 曲线拟合工具箱在发动机特性拟合中的应用[J].湖北文理学院学报,2014,35(5):24-28.

[89] SHARMA S, OBAID A J. Mathematical modelling, analysis and design of fuzzy logic controller for the control of ventilation systems using MATLAB fuzzy logic toolbox [J]. Journal of interdisciplinary mathematics, 2020, 23(4):843-849.

[90] BEI S Y, ZHAO J B, ZHANG L C, et al. Fuzzy control and co-simulation of automobile semi-active suspension system based on SIMPACK and MATLAB[J]. Applied mechanics and materials, 2010, 39:50-54.

[91] XU X Q. The application of MATLAB for fuzzy control system simulation[J]. Applied mechanics and materials, 2014, 494/495:1306-1309.

[92] 黄宇.基于 PLC 的水箱自动控制设备调试技术[J].现代工业经济和信息化, 2021, 11(2):27-28.

[93] 王晓瑜,赵军峰.基于模糊 PID 双电机同步控制的 PLC 设计与实现[J].现代制造工程, 2020(10):128-133.

[94] LYNN A, SMID E, ESHRAGHI M, et al. Modeling hydraulic regenerative hybrid vehicles using AMESim and Matlab/Simulink[C]//Defense and Security. Proc SPIE 5805, Enabling Technologies for Simulation Science IX, Orlando, Florida, USA, 2005.

[95] VASILIU N, VASILIU D, CĂLINOIU C, et al. Simulation of Fluid Power Systems with Simcenter Amesim[M]. Boca Raton: Taylor & Francis, CRC Press, 2018.

[96] XIAO W Q, XU Z, ZHANG F. Effect of particle damping on high-power gear transmission with dynamic coupling for continuum and non-continuum[J]. Applied acoustics, 2021, 173:107724.

[97] KAEWUNRUEN S, CHIENGSON C. Railway track inspection and maintenance priorities due to dynamic coupling effects of dipped rails and differential track settlements[J]. Engineering failure analysis, 2018, 93:157-171.

[98] LAURATI M, SENTJABRSKAJA T, RUIZ-FRANCO J, et al. Different scenarios of dynamic coupling in glassy colloidal mixtures [J]. Physical chemistry chemical physics:PCCP, 2018, 20(27):18630-18638.

[99] WANG J, SONG C X, JIN L Q. Modeling and simulation of automotive four-channel hydraulic ABS based on AMESim and simulink/stateflow[J].2010 2nd International Workshop on Intelligent Systems and Applications, 2010:1-4.

[100] JOVANOVIĆ Z, GEROV R. Synthesis of the proportional integral controller for a non-minimum phase high order system by using the Lambert W function[C]// 13th International Conference on Advanced Technologies, Systems and Services in Telecommunications (TELSIKS), Nis, Serbia. IEEE, 2017.

[101] 陈潇,王程,刘诗雨.基于 AMESim 和 MATLAB/Simulink 联合仿真的大型带式输送机自动巡检系统研究[J].煤矿机械, 2014, 35(4):47-49.

[102] 李强强,靳宝全,高妍,等.基于 AMESim 和 Simulink 联合仿真的轧机压下系统分析[J].液压与气动, 2016(7):18-23.

[103] LI J L,HU Z Y.Research based on AMESim of electro-hydraulic servo loading sys-tem[J].IOP conference series:materials science and engineering,2017,242:012128.

[104] 童宇,蔡婧雯.针对 AES 算法的两点联合能量分析攻击及仿真[J].系统仿真学报,2021,33(8):1980-1988.

[105] CHEN L,NIU L M,ZHAO J B,et al.Application of AMESim & MATLAB simula-tion on vehicle chassis system dynamics[J].Workshop on intelligent information technology application (IITA 2007),2007:185-188.

[106] 巴少男,袁锐波,刘森,等.基于 AMESim 和 Matlab/Simulink 联合仿真的模糊 PID 控制气动伺服系统研究[J].科学技术与工程,2010,10(9):2220-2223.

[107] WANG J,SONG C X,JIN L Q.Modeling and simulation of automotive four-channel hydraulic ABS based on AMESim and simulink/stateflow[J].2010 2nd international workshop on intelligent systems and applications,2010:1-4.

[108] YAN Y, LIU G J. Integrated modeling and optimization of a parallel hydraulic hy-brid bus[J]. International journal of automotive technology,2010,11(1):97-104.

[109] CHAO Z Q, NING C M, LI H Y. A study of simulation of hydropreumatic suspension experiment rig based on AMESim and Matlab/simulink[J].Applied me-chanics and materials,2014,599/600/601:207-211.

[110] JIN B Q,CHEN D B,CHENG H.Research on joint simulation and modeling of elec-tro-hydraulic position servo system based on simulink and AMESim[J].Applied me-chanics and materials,2011,120:563-566.

[111] LU W C,NIU G S,LONG C,et al.Study on the electro-hydraulic power steering system based on AMESim and simulink[J].Advanced materials research,2011,422:610-613.

[112] 薛鑫刚.矿井提升机恒减速液压制动系统设计及其特性分析[J].能源与节能,2020(6):138-140.

[113] 王利栋,王政.模糊神经网络 PID 在提升机恒减速系统中的应用研究[J].中国矿业,2021,30(3):118-122.

[114] 马衍颂,左帅.基于 PLC 的矿用提升机电液制动系统设计[J].液压与气动,2011(7):42-44.

[115] 王先锋.提升机闸控系统可靠性研究[J].矿业装备,2012(2):84-85.

[116] 史书林,肖兴明.提升机恒减速制动过程的模糊控制仿真研究[J].煤矿机械,2010,31(8):80-82.

[117] 张梅,李敬兆.基于单片机的提升机恒减速制动系统的模糊控制[J].煤矿机械,2005,26(1):45-47.

[118] OREIFEJ R S, DEMARA R F.Intrinsic evolvable hardware platform for digital cir-cuit design and repair using genetic algorithms[J].Applied soft computing,2012,12(8):2470-2480.

[119]吴艳玲.基于STM32F103VCT6的程控宽带放大器设计[J].中南论坛,2017(1):105-107.

[120] YIM D,LEE W H,KIM J I,et al.Quantified activity measurement for medical use in movement disorders through IR-UWB radar sensor [J]. Sensors (Basel, Switzerland),2019,19(3):688.

[121] 阿依努尔·克热木.基于最小二乘法解决函数中的一元线性拟合问题的应用研究[J].中国宽带,2021(2):88-89.

[122] 何文涛,周浩.基于PCI总线数据采集系统的设计与实现[J].中国仪器仪表,2020(6):79-83.

[123] 张月,陶林伟.基于FPGA与STM32的多通道数据采集系统[J].西北工业大学学报,2020,38(2):351-358.

[124] 田东兴.钻杆输送无电缆存储式测井系统研究及应用[D].东营:中国石油大学(华东),2016.

[125] ASHOORI M,DEMPSEY E M,MCDONALD F B,et al.Sparse-denoising methods for extracting desaturation transients in cerebral oxygenation signals of preterm infants[J].Annual international conference of the IEEE engineering in medicine and biology society,2021:1010-1013.

[126] WANG Y Q,IYER A,CHEN W,et al.Featureless adaptive optimization accelerates functional electronic materials design [J]. Applied physics reviews, 2020, 7 (4):041403.

[127] PILLANS J,et al.Efficiency of evolutionary search for analog filter synthesis[J].Expert systems with applications,2021,168:114267.

[128] CHEN P J,LAI J H,WANG G C,et al.Confidence-guided adaptive gate and dual differential enhancement for video salient object detection[C]// IEEE International Conference on Multimedia and Expo,Shenzhen,China,2021:1-6.

[129] LISOV A V,KISELEV S S,TRUBITSINA L I,et al.Multifunctional enzyme with endoglucanase and alginase/glucuronan lyase activities from bacterium cellulophaga lytica[J].Biochemistry biokhimiia,2022,87(7):617-627.

[130] 周灵江,金杰,丁小洪,等.基于STM32的RS485适配器开发[J].科技与创新,2019(21):53-55.

[131] 李洋.平板显示屏自动光学检测系统人机界面软件开发[D].合肥:合肥工业大学,2018.

[132] 瞿伟,余飞鸿.基于多核处理器的非对称嵌入式系统研究综述[J].计算机科学,2021,48(S1):538-542.

[133] 肖必超.电子电路设计中抗干扰技术的实现[J].电子制作,2020(20):50-51.

[134] MAJUMDER I,et al.Real-time Energy Management for PV-battery-wind based microgrid using on-line sequential Kernel Based Robust Random Vector Functional

Link Network[J].Applied soft computing,2021,101:107059.

[135] 赵玉凤,杨厚俊,范延滨.μCOS-II 在 ARM Cortex A9 处理器上的移植与实现[J].工业控制计算机,2016,29(6):10-11.

[136] 杨磊.基于 Cortex-M3 处理器的交通监控图像处理系统的设计与应用[J].九江学院学报(自然科学版),2021,36(3):71-74.

[137] LI J L, YAO H J, WANG B S, et al.A real-time AI-assisted seismic monitoring system based on new nodal stations with 4G telemetry and its application in the Yangbi MS 6.4 aftershock monitoring in southwest China[J].Earthquake research advances,2022,2(2):100033.

[138] KRAMER K D,BRAUNE S,SÖCHTING A,et al.Presentation of A fuzzy control training and test system[J].Progress in systems engineering,2015:155-159.

[139] QIU J B,GAO H J,DING S X.Recent advances on fuzzy-model-based nonlinear networked control systems:a survey[J].IEEE transactions on industrial electronics,2016,63(2):1207-1217.

[140] 张驰,郭媛,黎明.人工神经网络模型发展及应用综述[J].计算机工程与应用,2021,57(11):57-69.

[141] ZHU B G,ZHU X J,XIE J,et al.Heat transfer prediction of supercritical carbon dioxide in vertical tube based on artificial neural networks[J].Journal of thermal science,2021,30(5):1751-1767.

[142] 王大虎,王敬冲,史艳楠,等.基于模糊神经网络的矿井提升机故障诊断研究[J].计算机仿真,2015,32(10):345-349.

[143] PATIL R R, BHOMBR D L. Review:"Implementation of feedforward and feedback neural network for signal processing using analog VLSI technology"[J].International journal of engineering research and applications, 2015, 5(1):115-119.

[144] 范子荣.基于模糊控制的矿井提升机速度控制系统[J].山西大同大学学报(自然科学版),2019,35(2):68-70.

[145] 王少君,刘永强,杨绍普,等.基于光电编码器的测速方法研究及实验验证[J].自动化与仪表,2015,30(6):68-72.

[146] 徐龙增.摩擦提升防滑及卡绳系统设计与研究[D].徐州:中国矿业大学,2015.

[147] ISLAM S,HOQUE E,AMIN M.Integration of Kalman filter in the epidemiological model:a robust approach to predict COVID-19 outbreak in Bangladesh[J].International journal of modern physics C,2021,32(8):2150108.

[148] CHI Y H,HU L H,GAO X,et al.Research on infrared passive ranging algorithm based on unscented Kalman filter and modified spherical coordinates[J].Journal of physics:conference series,2020,1629(1):012066.

[149] GE Q B,MA Z C,LI J L,et al.Adaptive cubature Kalman filter with the estimation of correlation between multiplicative noise and additive measurement noise[J].Chi-

nese journal of aeronautics,2022,35(5):40-52.

[150] 何百岳,张文安.基于无逆 Kalman 滤波器的姿态估计算法[J].高技术通讯,2021,31(10):1027-1036.

[151] TIAN Y,HUANG Z,TIAN J,et al.State of charge estimation of lithium-ion batteries based on cubature Kalman filters with different matrix decomposition strategies[J].Energy,2022,238:121917.

[152] 王利辉,包晓华.基于卡尔曼滤波的蒙医脉象采集分析系统[J].内蒙古民族大学学报(自然科学版),2021,36(5):433-436.

[153] 王伟新.基于模糊神经网络的矿井提升机故障诊断研究[J].科技创新导报,2017,14(24):87-88.

[154] 尹东.模糊神经网络技术在矿山安全评价中的适应性研究[J].工程技术研究,2017(4):41-42.

[155] 朱旭东,梁光明.基于样本随机均匀分布的 BP 神经网络改进算法[J].数字技术与应用,2014(8):127-129.

[156] 王前,邢晓芳,乔涛涛.摩擦提升机滑动保护装置液压加载系统建模及参数优化研究[J].机床与液压,2018,46(11):176-180.

[157] CUI B B,WEI X H,CHEN X Y,et al.Improved high-degree cubature Kalman filter based on resampling-free sigma-point update framework and its application for inertial navigation system-based integrated navigation[J].Aerospace science and technology,2021,117:106905.

[158] 姚连国,乔俊奇,周立东,等.基于卡尔曼滤波器-PID 的水泥磨出口温度控制研究[J].河南建材,2020(5):42-43.